OBSERVATIONS MÉTÉOROLOGIQUES

FAITES A

L'OBSERVATOIRE IMPÉRIAL DE PARIS

PENDANT LES ANNÉES 1854 ET 1855.

EXTRAIT DES COMPTES RENDUS DES SÉANCES DE L'ACADÉMIE DES SCIENCES 1854-1855.

PARIS,

MALLET-BACHELIER, IMPRIMEUR-LIBRAIRE

DE L'OBSERVATOIRE IMPÉRIAL DE PARIS, DE L'ÉCOLE IMPÉRIALE POLYTECHNIQUE,

Quai des Augustins, n° 55.

—

1855

OBSERVATIONS MÉTÉOROLOGIQUES

FAITES A

L'OBSERVATOIRE IMPÉRIAL DE PARIS

PENDANT LES ANNÉES 1854 ET 1855.

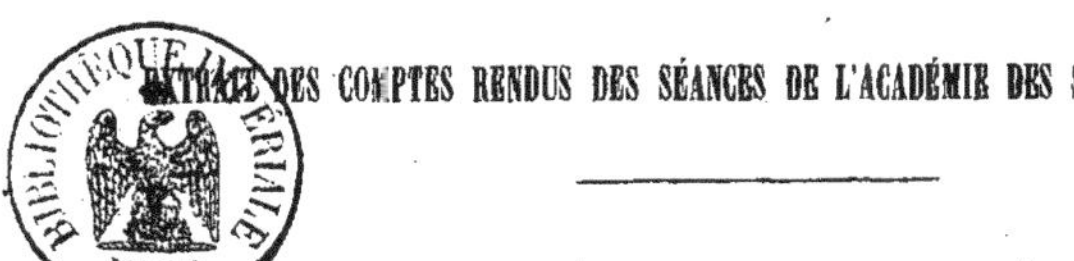

EXTRAIT DES COMPTES RENDUS DES SÉANCES DE L'ACADÉMIE DES SCIENCES 1854-1855.

PARIS,

MALLET-BACHELIER, IMPRIMEUR-LIBRAIRE

DE L'OBSERVATOIRE IMPÉRIAL DE PARIS, DE L'ÉCOLE IMPÉRIALE POLYTECHNIQUE,

Quai des Augustins, n° 55.

—

<del>1855</del>
1856

PARIS. — IMPRIMERIE DE MALLET-BACHELIER,
Rue du Jardinet, 12.

M. Le Verrier *présente à l'Académie un Résumé des observations de la pression barométrique et de la température, faites à l'Observatoire impérial de Paris pendant les mois de Janvier, Février, Mars et Avril 1854, et accompagne cette communication des remarques suivantes :*

Comme nous ne conservons pas, pour les mois de Janvier et Février, la même forme de publication que par le passé, j'en dois dire le motif. Quelques explications sont en outre nécessaires pour que les chiffres qui représentent la température aient un sens précis.

Les indications relatives à la pression barométrique et à la température ont été publiées jusqu'en Décembre 1853 inclusivement, dans les *Comptes rendus* de l'Académie des Sciences. On les a présentées pour 9 heures du matin, midi, 3 heures et 9 heures du soir, dans des tableaux d'une régularité absolue ; l'indication ne faisant jamais défaut.

J'aurais assurément donné la même forme à la publication des résultats obtenus en Janvier, antérieurement à l'administration actuelle, si je n'y avais rencontré des difficultés sérieuses. Très-souvent, en effet, l'observation n'a pas été faite à l'heure : treize fois, entre autres, elle a été faite une ou deux heures trop tard ; six fois elle a été totalement omise. Il eût donc fallu, pour conserver à la publication la même forme régulière qu'elle avait antérieurement, altérer les observations et en supposer quelques-unes.

Les observations n'ayant pas été faites en Janvier 1854 autrement que dans les années précédentes, j'aurais pu, en consultant les registres des observations météorologiques antérieures, et les comparant aux *Comptes rendus,* trouver presque chaque jour de très-nombreux exemples de la manière suivant laquelle les altérations dont il s'agit ont été pratiquées. Mais il ne me semble pas nécessaire d'entrer ici dans l'examen et la discussion de procédés auxquels je ne crois pas pouvoir recourir.

Estimant qu'un observateur a pour premier devoir de ne donner sous ce titre *Observations,* que des observations réelles et effectives, j'ai pris le parti de publier, pour le mois de Janvier 1854, un extrait pur et simple du registre météorologique, et sans autre modification que de ramener le baromètre à o degré, conformément à l'usage généralement suivi.

J'en agis de même pour le mois de Février, bien qu'à partir du 6 on ait beaucoup gagné sous le rapport de la régularité des observations.

En Mars et en Avril enfin, les observations deviennent assez régulières pour qu'il soit possible de reprendre l'ancienne forme de publication sans inscrire dans les tableaux rien autre chose que des résultats d'observations réellement effectuées aux heures normales elles-mêmes. Lorsque, par une exception que nous chercherons à rendre aussi rare que possible, il se sera produit une irrégularité, nous laisserons en blanc la place que l'observation eût occupée dans le tableau, et nous en donnerons le résultat dans une *note*. On remarquera qu'en Avril, le jour de Pâques excepté, les observations ont été faites aux heures normales avec la plus grande régularité.

Les températures données en Janvier et en Février sont uniquement rapportées à un thermomètre fixe, antérieurement établi vers l'angle Nord-Est du bâtiment.

En déterminant avec soin le zéro de ce thermomètre, nous avons trouvé que ses indications brutes doivent être diminuées de $0°,4$ à $0°$, de $0°,5$ à 24 degrés. Nous n'avons pas appliqué cette correction aux résultats donnés en Janvier et Février afin de les laisser comparables aux résultats antérieurement publiés.

Mais, à partir du 1er Mars inclusivement, les températures que nous donnons comme étant fournies par le thermomètre fixe, ont subi la correction que nous venons de signaler. En sorte qu'on doit s'attendre à trouver les moyennes annuelles des nouvelles températures, plus faibles que celles des années immédiatement précédentes, d'un peu plus de 4 dixièmes de degré.

Le thermomètre fixe, là où il est placé depuis longtemps, et où nous l'avons laissé, ne subit-il pas d'influences fâcheuses de la part de masses aussi considérables que les murailles de l'Observatoire, masses presque toujours en retard sur la température de l'air? Dans le but d'éclairer ce point, nous avons placé à côté du thermomètre fixe un second thermomètre comparé avec le premier, et auquel on peut imprimer un mouvement de rotation alternatif assez fort pour accroître, autant que possible, l'influence directe de l'air sur la température de ce thermomètre. On trouvera inscrites, à partir du 3 Mars à midi et à côté des indications du thermomètre *fixe*, celles du thermomètre *tournant*, qu'on doit croire plus voisines de la vraie température de l'air. On peut voir, dès à présent, que les deux indications ne sont pas comparables. A 3 heures du soir entre autres, les indications du thermomètre fixe ont été, en Mars, à peu près constamment supérieures à celles du thermomètre tournant, et les différences individuelles ont *surpassé un degré*. Il en a été de même en Avril, à 3 heures du soir, tandis qu'à 9 heures du soir les indications du thermomètre *fixe* ont été, au contraire, moyennement inférieures à celles du thermomètre *tournant*.

JANVIER 1854.

JOURS.	HEURES. Temps vrai.	BAROMÈTRE à zéro.	THERM. extérieur.
	h m		
1	0	747,74	— 0,1
	9 15	741,71	0,6
	midi	741,79	0,8
	9 42	746,56	— 2,3
2	9 30	744,05	— 1,6
	midi	742,27	— 0,7
	3	741,12	0,6
	9	740,74	2,0
3	9 48	740,41	1,0
	midi	738,39	2,5
	9	732,68	2,4
4	9	730,50	3,6
	midi	729,69	4,9
	3	733,01	5,0
	9	732,34	2,8
5	8 15	733,10	3,1
	9	733,48	3,2
	midi	734,31	4,2
	3	733,59	3,0
	9	734,48	3,8
6	9 40	736,51	3,5
	midi	737,75	4,7
	3	739,45	4,6
7	9	742,90	3,8
	midi	740,86	6,2
	3 30	737,37	7,7
	9 30	736,04	7,1
	10	735,61	7,0
8	9 10	738,72	7,3
	midi 10	739,48	8,3
	3	740,45	7,8
	9	741,68	3,6
9	9	740,88	5,4
	midi	739,68	6,5
	4	738,61	6,4
	9	739,34	5,2
10	10	742,36	5,1
	midi	742,43	5,4
	3	743,36	4,8
	11	747,12	4,0
11	11	751,69	5,0
	midi	751,75	4,5
	3	752,39	5,2
	9	754,71	3,7
12	10	755,46	3,6
	midi	754,64	4,6
	3	754,17	4,3
	9	754,26	0,5
13	11	753,20	0,8
	midi	753,02	1,5
	3	752,50	1,6
	9 45	752,05	0,8
14	10	752,55	3,1
	midi	752,00	4,6
	3	751,73	4,6
	9	751,17	2,5
15	9	749,97	1,6
	midi	750,08	4,4
	3	750,06	6,0
	10 40	752,32	4,3
16	9 20	756,35	5,5
	midi	756,43	10,0
	3	757,02	11,6
	9	759,40	5,8
17	2 30	760,69	3,6
	10 40	763,56	5,5
	midi	763,30	6,4
	3	763,48	7,3
	11 30	764,38	4,4
18	9 25	765,35	1,3
	midi	764,73	3,0
	3	763,94	4,2
	9 30	762,56	2,5
19	9	759,62	0,1
	midi	759,26	0,9
	4 30	759,03	1,6
20	9 40	762,33	— 0,9
	midi 5	762,42	1,2
	3	762,43	3,1
	9	764,38	2,5
21	9 15	768,53	1,2
	midi 15	768,07	3,2
	3	767,31	3,8
	9	766,68	3,3
22	9	763,14	— 1,7
	midi	761,91	1,5
	3	760,76	5,6
	9	761,14	2,6
23	9	763,20	2,6
	midi	762,77	5,4
	3	762,23	6,6
	9	762,56	5,7
24	9 33	757,55	5,1
	midi	756,66	4,7
	3	753,42	7,8
	9	752,65	7,8
25	3	757,65	5,4
	9 5	764,12	4,1
	midi	764,42	7,0
	3	765,79	7,7
	9	767,38	5,3
26	9	769,32	7,8
	midi	770,99	10,7
	3	771,78	9,6
	9	774,62	5,3
27	10	774,67	5,8
	midi	774,20	7,2
	3	772,67	6,8
	9	770,32	3,9
	11	769,68	2,3
28	9 10	765,98	2,3
	midi	765,05	5,1
	9 37	765,54	6,2
29	9 30	763,71	4,5
	midi	760,91	6,6
	3	759,50	9,5
	11	761,08	10,8
30	9	764,54	11,0
	midi	764,67	12,1
	8	765,12	9,7
	9 45	765,89	9,6
31	9 15	767,62	8,5
	midi	767,32	9,2
	3	766,11	9,6
	9	764,89	7,7

Températures extrêmes.

JOURS.	MAXIMA.	MINIMA.
1	1,7	0,0
2	2,3	— 3,9
3	3,6	0,7
4	5,3	2,4
5	4,6	2,4
6	5,6	2,4
7	8,6	2,6
8	9,1	6,6
9	8,6	2,2
10	5,8	3,5
11	5,2	4,3
12	4,8	2,1
13	1,9	0,1
14	4,7	0,9
15	6,4	0,7
16	12,3	1,7
17	9,3	2,5
18	4,6	0,8
19	2,4	— 0,4
20	4,3	— 1,6
21	4,5	0,5
22	5,7	— 1,8
23	7,1	1,5
24	8,6	3,8
25	8,4	3,0
26	10,6	5,4
27	7,2	1,7
28	7,7	1,2
29	Pas de maxim.	2,3
30	12,1	
31	9,8	8,5

OBSERVATIONS MÉTÉOROLOGIQUES FAITES A L'OBSERVATOIRE DE PARIS.

FÉVRIER 1854.

JOURS.	HEURES. Temps vrai.	BAROMÈTRE à zéro.	THERM. extérieur.
1	h m 9 20	761,48	7,5
	midi	760,71	7,7
	3	759,97	7,9
	11	759,08	6,8
2	10	760,46	7,2
	midi	760,65	8,4
	3 30	761,32	7,6
	9	763,77	5,1
3	8 15	764,19	3,0
	9	764,50	2,3
	midi	763,84	5,0
	4	762,48	6,2
	9	762,51	3,1
4	8 45	760,29	1,0
	midi 15	759,34	3,8
	3 40	758,68	6,0
	11	759,25	4,9
5	9	760,19	6,8
	midi	760,29	8,4
	3	760,49	9,4
	10 20	760,97	10,1
6	8 40	762,68	10,5
	midi	763,73	10,9
	3	763,79	11,5
	9	765,09	10,6
7	9	764,58	10,3
	midi	763,87	11,9
	3	762,92	12,8
	9	761,67	9,6
8	9	762,85	7,2
	midi	763,80	8,1
	3	764,00	8,0
	9	764,72	4,7
9	9	761,84	6,2
	midi	759,78	7,5
	3	756,86	8,2
	9	758,92	2,6
10	9 35	761,69	3,9
	midi	761,46	5,3
	3	760,83	5,3
	9	762,04	2,5
11	9	763,20	2,2
	midi	763,21	4,4
	3	763,09	3,8
	9	763,12	2,1
12	9	761,30	1,6
	midi	761,15	4,4
	3	760,70	5,3
	9	760,98	2,2

JOURS.	HEURES. Temps vrai.	BAROMÈTRE à zéro.	THERM. extérieur.
13	h m 9	769,11	
	midi	770,24	— 2,1
	3	770,25	— 1,0
	10 15	772,70	— 4,0
14	9 10	774,15	— 3,7
	midi	773,64	— 1,0
	3	771,47	— 0,2
	9 35	769,22	— 3,9
15	9	758,12	— 0,3
	midi	755,63	2,4
	3	754,14	3,3
	9	756,38	2,0
16	9	758,37	1,3
	midi	758,95	3,0
	3	759,09	2,7
	9	761,24	— 0,8
17	9	757,35	3,6
	midi	756,24	6,2
	3	753,42	7,0
	9	748,53	6,2
18	9 5	745,26	0,9
	midi	747,54	3,4
	3	748,12	4,8
	9	750,11	0,7
19	9	754,40	1,6
	midi	754,79	2,9
	3	755,28	3,9
	9	757,97	1,0
20	9	758,99	1,1
	midi	758,90	3,5
	3	757,98	2,3
	9	757,06	1,2
21	9	761,22	2,0
	midi	762,48	3,0
	3	762,95	4,0
	9	765,81	3,4
22	9	767,32	1,2
	midi	766,48	2,6
	3	765,18	3,4
	9	762,87	2,8
23	9 5	763,15	5,2
	midi	765,96	7,0
	3	768,05	8,0
	9 5	772,98	2,8
24	9 5	774,01	5,0
	midi	773,19	8,3
	3	771,67	9,1
	9	770,68	6,8

JOURS.	HEURES. Temps vrai.	BAROMÈTRE à zéro.	THERM. extérieur.
25	h m 9	768,81	6,6
	midi	768,88	9,2
	3	768,23	10,6
	9	769,80	5,3
26	9 10	770,71	4,7
	midi	771,04	8,8
	3	770,32	9,3
	10	771,69	2,8
27	9	771,25	2,8
	midi	770,78	8,0
	3	769,44	9,0
	9	768,99	2,9
28	11	769,86	8,1
	midi	769,82	9,3
	3	768,94	11,4
	9	772,21	8,7

Températures extrêmes.

JOURS.	MAXIMA.	MINIMA.
1	8,5	6,7
2	8,4	5,8
3	6,7	2,0
4	6,1	— 0,6
5	11,0	3,9
6	11,7	9,9
7	13,0	9,7
8	8,4	4,2
9	8,2	4,2
10	6,2	2,9
11	4,4	0,7
12	5,8	0,2
13	— 1,0	— 3,4
14	0,0	— 5,3
15	4,2	— 5,5
16	3,3	0,0
17	7,5	— 1,0
18	5,2	0,6
19	3,9	0,1
20	3,3	— 0,2
21	4,0	0,3
22	3,6	0,9
23	8,3	2,5
24	9,3	1,6
25	11,1	5,8
26	9,5	1,9
27	8,9	— 1,1
28	11,0	— 1,0

PLUIE RECUEILLIE EN FÉVRIER :
Cour........ 23mm,65
Terrasse..... 20mm,10

JOURS du MOIS.	9 HEURES DU MATIN. Temps vrai.			MIDI. Temps vrai.			3 HEURES DU SOIR. Temps vrai.			9 HEURES DU SOIR. Temps vrai.			THERMOMÈTRE.		ÉTAT DU CIEL A MIDI.	VENTS A MIDI.
	BAROM. à 0°.	THERM. extér. fixe et corrigé.	THERMOMÈTRE tournant.	BAROM. à 0°.	THERM. extér. fixe et corrigé.	THERMOMÈTRE tournant.	BAROM. à 0°.	THERM. extér. fixe et corrigé.	THERMOMÈTRE tournant.	BAROM. à 0°.	THERM. extér. fixe et corrigé.	THERMOMÈTRE tournant.	MAXIMA.	MINIMA.		
1	775,99	2,8		775,75	6,7		774,99	9,1		775,04	5,5		9,3	2,5	Beau; vapeurs	E.
2	774,47	3,3		773,61	8,9		772,11	9,9		772,11	5,7		10,9	0,2	Beau; vapeurs	E. N. E.
3	772,35	2,7		772,05	7,3	7,1	771,01	9,1	9,1	771,19	4,4	3,6	9,1	— 0,5	Beau.	E.
4	773,32	5,2	5,1	772,97	9,7	9,2	772,39	11,8	11,6	773,88	7,0	7,0	11,8	1,2	Beau; quelques cirrus . . .	N. E.
5	774,56	4,8	4,5	773,11	9,4	10,1	772,21	12,3	11,9	772,10	5,1	5,4	12,2	2,2	Beau.	N. E
6	771,59	3,4	3,5	770,82	10,4	11,1	768,97	13,8	13,5	769,04	6,4	6,6	13.8	— 0,5	Beau.	E.
7	769,21	4,6	4,1	768,93	8,8	8,5	768,74	10,4	10,4	770,20	2,9	3,0	10,5	1,5	Beau.	O. N. O.
8	771,23	3,8	4,1	770,86	12,9	13,0	769,54	14,8	14,3	770,09	11,0	10,9	14,9	0,7	Couvert	S.
9	769,32	10,2	10,1	768,91	14,1	14,2	767,73	15,2	14,8	767,14	11,6	11,5	15,5	8,9	Couvert	S. O.
10	764,55	12,8	12,3	763,17	15,6	15,4	761,65	16,8	16,5	764,73	9,5	9,7	17,2	8,1	Beau; quelq. pet. nuages.	S.
11	766,28	7,2	7,4	765,25	13,0	12,9	763,42	15,4	14,7	762,95	8,0	8,5	15,6	3,9	Beau; quelques cirrus . . .	O. N. O.
12	760,51	10,2	9,1	758,79	15,5	15,4	757,17	16,7	16,5	757,19	8,8	8,8	16,9	2,5	Beau.	S. E.
13	759,34	9,3	9,1	758,73	16,8	17,3	757,66	17,7	17,5	757,70	10,8	11,0	18,1	2,7	Beau.	S. S. E.
14	757,27	11,2	10,8	757,11	16,5	16,5	756,88	18,1	17,0	(*)¹			18.7	4,5	Très-vaporeux	S. S. E.
15	764,51	9,9	9,8	764,66	13,5	14,0	(*)²			764,97	9,4	9,4	15,0	8,0	Beau; nuages.	O.
16	764,04	11,2	11,0	763,34	13,1	13,0	762,65	14,1	13,4	763,55	10,5	10,5	14.8	9,0	Couvert.	O. N. O.
17	765,51	6,8	6,8	765,28	10,6	10,4	764,17	11,1	10,9	764,80	5,9	5,6	11,5	5,1	Nuageux.	N. N. O.
18	763,44	3,8	3,9	762,07	7,4	7,7	760,39	8,8	8,5	758,03	7,0	6,8	9,1	3,6	Couvert; quelq. éclaircies.	O. N. O.
19	756,01	6,5	6,2	756,20	6,8	6,7	756,45	6,8	6,9	758,07	6,4	6,4	7,2	4,5	Couvert.	S. S. E.
20	761,09	4,8	4,6	760,86	7,5	7,6	760,43	8,8	8,7	762,34	3,2	3,1	8,8	2,2	Beau	E.
21	763,86	1,6	1,6	763,69	3,0	3,4	762,47	6,5	6,6	763,18	5,0	4,8	7,0	— 0,8	Très-nuageux.	N.
22	767,48	2,9	2,5	767,26	5,7	5,6	766,20	7,8	7,6	766,72	4,6	4,6	7,9	— 0,2	Beau.	N. N. E.
23	765,44	5,0	4,8	765,33	5,9	5,9	764,69	6,5	6,3	765,16	5,4	5,4	7,0	1,2	Couvert	N. N. O.
24	763,46	5,0	4,9	762,72	8,6	9.0	762,43	8,9	8,8	763,15	5,8	5,9	10,1	2,2	Couvert.	N. O.
25	762,63	4,4	4,5	760,62	7,6	7,3	758,54	10,8	10,5	758,24	7,2	7,2	10,9	3,9	Beau; quelques vapeurs .	N. N. O.
26	757,68	6,6	6,6	757,49	8,5	8,0	756,10	10,8	10,7	758,39	5,8	5,7	11,0	4,4	Couvert	O. S. O.
27	761,41	6,7	6,5	762,03	7,9	8,0	(*)³			764,00	6,0	5,1	10,6	5,5	Couvert; bruine	N. O.
28	766,72	7,2	7,5	766,43	12,0	12,5	765,93	13,1	13,0	767,78	10,0	10,1	13,6	1,6	Nuageux.	N.
29	768,48	9,9	9,8	767,60	14,3	14,4	766,71	15,5	15,0	767,07	10,0	10,0	15,8	6,9	Beau; quelques cirrus . .	O.
30	767.30	8,9	8,8	766,20	12,6	12,0	765,05	14,5	14,3	765,07	9,1	9,1	15,7	5,3	Beau; quelques cirrus . . .	O.
31	768,64	8,9	9,0	768,25	12,0	12,1	767,49	13,9	13,7	768,40	9,6	9,7	14,1	5,6	Beau.	O. N. O.

(*)¹ 14 mars. 8h 15m du soir. Baromètre = 758mm,47. Thermomètre fixe = 12°,7. Thermomètre tournant = 12°,9.
(*)² 15 mars. L'observation de 3h manque.
(*)³ 27 mars. 4h 25m du soir. Baromètre = 762mm,14. Thermomètre fixe = 10°,2. Thermomètre tournant = 10°,0.
Il a été recueilli pendant le mois de mars 2mm,12 de pluie dans la cour, et 1mm,14 sur la terrasse.

OBSERVATIONS MÉTÉOROLOGIQUES FAITES A L'OBSERVATOIRE DE PARIS. — AVRIL 1854.

JOURS du MOIS.	9 HEURES DU MATIN. Temps vrai.			MIDI. Temps vrai.			3 HEURES DU SOIR. Temps vrai.			9 HEURES DU SOIR. Temps vrai.			THERMOMÈTRE.		ÉTAT DU CIEL A MIDI.	VENTS A MIDI.
	BAROM. à 0°.	THERM. extér. fixe et corrigé.	THERMOMÈRE extér. tourn.	BAROM. à 0°.	THERM. extér. fixe et corrigé.	THERMOMÈTRE extér. tourn.	BAROM. à 0°.	THERM. extér. fixe et corrigé	THERMOMÈTRE extér. tourn	BAROM. à 0°.	THERM. extér. fixe et corrigé.	THERMOMÈTRE extér. tourn.	MAXIMA.	MINIMA		
1	766,74	11,7	10,9	765,81	15,5	15,3	764,48	17,7	17,5	764,63	11,9	12,1	17,9	1,5	Beau; quelques nuages...	E. N. E.
2	766,24	11,6	11,3	766,26	16,1	16,4	766,07	17,0	17,0	767,22	10,6	11,6	17,2	7,4	Beau...........	E.
3	768,21	11,6	11,6	767,93	16,5	16,5	767,82	16,9	16,9	770,12	8,8	9,6	17,6	5,4	Beau; légers nuages ...	O.
4	771,41	7,8	7,2	770,08	11,2	11,1	768,50	12,8	12,6	768,42	9,9	10,8	12,9	3,9	Beau; quelques cirrus ..	E.
5	768,12	12,0	1,6	767,64	14,3	14,5	766,70	16,9	16,7	767,39	12,7	13,0	17,4	1,8	Beau; vapeurs	N.
6	768,36	12,5	12,8	767,40	17,9	18,5	765,99	19,9	19,5	766,14	14,3	14,5	20,3	6,0	Beau...........	N.
7	766,67	10,8	10,7	766,16	16,4	16,3	764,75	19,1	19,5	764,82	14,0	14,2	19,3	6,7	Beau..	N. N. O.
8	762,70	13,4	12,3	761,23	18,3	18,3	759,57	20,3	19,8	759,07	15,7	16,4	20,7	6,2	Beau; quelques cirrus ...	E. N. E.
9	760,11	14,7	14,9	759,56	19,1	19,0	758,97	21,0	20,4	759,68	16,3	16,6	21,4	8,5	Beau; quelques cirrus ..	N. O.
10	759,74	13,2	12,9	758,77	18,1	18,0	757,58	20,1	20,0	757,99	13,7	13,9	20,4	7,3	Beau; quelques cirrus ...	N. N. E.
11	757,75	13,7	14,2	757,62	19,8	19,5	757,27	22,1	21,9	759,22	16,6	16,8	22,6	8,5	Beau; quelq. légers nuages.	N.
12	762,27	13,1	12,8	762,41	13,7	13,8	762,05	17,2	16,5	761,89	16,2	16,0	21,5	11,2	Couv.; il vient de pleuv..	N.
13	763,97	14,3	14,1	763,16	18,7	18,7	761,94	20,9	21,0	761,59	14,5	14,5	21,1	9,6	Beau; quelques cirrus ...	N. E.
14	760,26	13,3	13,1	759,17	19,9	19,8	758,34	23,1	23,6	756,99	17,3	17,5	23,5	7,5	Beau; quelques vapeurs..	E. S. E.
15	757,83	17,0	14,9	757,32	20,2	20,5	756,37	20,6	19,8	755,81	13,7	13,4	23,2	9,2	Beau.	S. S. O.
16	(*)	----	----	757,91	12,5	12,5	757,73	14,4	14,6	(*)	----	----	14,5	8,8	Couvert	N. E.
17	760,79	9,6	9,7	760,68	15,3	13,8	759,85	17,5	16,9	760,30	13,2	13,4	17,9	8,2	Couvert	N. O.
18	760,00	16,7	16,8	759,21	20,0	20,1	757,89	21,6	20,8	757,57	17,0	17,2	22,0	9,2	Beau; quelq. pet. cumul..	E. N. E.
19	757,08	17,7	17,5	755,49	21,4	21,9	754,06	21,9	21,9	753,54	15,0	16,1	22,6	12,2	Beau................	E. S. E.
20	750,72	16,2	16,4	749,39	18,4	18,1	748,97	15,0	13,5	746,84	13,8	14,1	18,8	11,0	Couvert	S. E.
21	744,36	14,6	14,9	743,14	14,3	14,8	741,28	14,8	14,4	741,21	11,4	11,4	16,6	9,9	Couvert	E.
22	740,50	14,6	14,4	740,40	17,9	16,9	739,95	17,6	16,9	741,83	12,1	12,5	19,3	9,7	Couvert; éclaircies....	E.
23	748,04	7,8	8,0	749,52	10,1	9,6	750,32	10,5	10,5	755,12	5,2	5,3	10,7	6,6	Très-nuageux.........	N. q. N. E.
24	760,28	8,0	7,4	761,05	8,1	7,9	761,10	8,4	8,4	763,73	3,5	4,4	8,9	3,9	Nuageux.............	N.
25	764,59	6,2	6,4	764,42	7,3	7,1	763,94	8,6	8,4	764,48	5,9	5,9	8,7	1,5	Couvert; éclaircies....	N.
26	764,27	7,9	8,0	764,14	9,4	9,5	764,28	10,7	10,5	765,48	7,2	7,5	11,0	7,3	Couvert; éclaircies....	N. N. O.
27	760,92	10,8	10,7	757,55	11,7	11,5	753,97	11,1	10,9	751,38	7,0	7,1	12,8	1,9	Couvert	O. S. O.
28	752,78	7,5	8,5	753,35	8,2	7,5	753,49	10,2	9,9	755,68	6,9	6,9	10,8	3,9	Couvert; pluie.......	O. N. O.
29	750,85	7,6	7,4	749,30	8,9	9,0	747,76	9,2	9,2	749,26	7,6	7,6	12,0	6,4	Couvert; pluie... ...	O.
30	750,46	9,4	9,7	748,91	13,3	13,3	747,47	15,0	14,3	746,16	11,6	11,9	15,2	4,3	Couvert; éclaircies.... .	S. S. O.

(*)¹ Observation faite à 10ʰ. Le baromètre marquait alors 757ᵐᵐ,14 et 757ᵐᵐ,6 à 10ʰ 30ᵐ. Le thermomètre fixe marquait 10,6 à 10ʰ et 11,6 à 10ʰ 30ᵐ. Le thermomètre tournant marquait 10,6 à 10ʰ et 11,5 à 10ʰ 30ᵐ.

(*)² Observation faite à 10ʰ. Le baromètre marquait alors 759ᵐᵐ,39. Le thermomètre fixe marquait 9,1 et le thermomètre tournant 9°,5.

Quantité de pluie recueillie pendant le mois dans la cour, 28ᵐᵐ,04. Quantité de pluie recueillie pendant le mois sur la terrasse, 23ᵐᵐ,58.

OBSERVATIONS MÉTÉOROLOGIQUES FAITES A L'OBSERVATOIRE DE PARIS. — MAI 1854.

9 HEURES DU MATIN. Temps vrai.			MIDI. Temps vrai.			3 HEURES DU SOIR. Temps vrai.			9 HEURES DU SOIR. Temps vrai.			THERMOMÈTRE.		ÉTAT DU CIEL A MIDI.	VENTS A MIDI.
BAROM. à 0°.	THERM. extér. fixe et corrigé.	THERMOMÈTRE tournant.	BAROM. à 0°.	THERM. extér. fixe et corrigé.	THERMOMÈTRE tournant.	BAROM. à 0°.	THERM. extér. fixe et corrigé.	THERMOMÈTRE tournant.	BAROM. à 0°.	THERM. extér. fixe et corrigé.	THERMOMÈTRE tournant.	MAXIMA.	MINIMA.		
743,50	11,3	10,8	742,85	12,9	12,1	741,75	13,5	13,4	740,96	10,5	11,4	13,9	8,1	Couvert............	S. S. O.
742,32	13,7	13,5	742,88	17,0	16,4	743,16	18,5	18,0	745,73	13,4	13,5	19,1	9,7	Couvert; quelq. éclaircies.	S. S. O. fort.
746,11	17,9	16,5	745,99	19,5	19,8	745,58	18,9	18,3	747,24	12,4	*12,6	21,2	9,7	Couvert; soleil par inst...	S. E.
748,84	11,2	10,6	749,10	13,1	12,5	748,68	13,9	13,4	748,83	9,2	9,8	14.4	9,1	Couvert............	O.
750,51	11,2	12,1	751,11	14,1	14,0	751,49	13,5	13,1	752,44	6,8	*6,8	16,0	6,6	Nuageux (cumulus)....	O.
749,92	8,6	*8,2	749,17	11,2	10,9	748,59	11,0	11,5	750,29	9,6	10,7	11,7	4,6	Couvert............	S. q. S. O. f.
752,53	14,2	13,0	752,37	17,0	16,5	752,15	16,5	15,9	752,30	12,5	12,9	17,1	8,7	Pres. couv. Sol. par mom.	O. N. O. as. f.
750,98	12,2	12,2	751,21	11,4	11,2	750,96	12,8	13,8	751,11	10,4	11,0	14,6	10,8	Couv.; pl. abond. dep. 9h.	O. S. O.
751,39	13,7	13,9	752,20	12,8	12,5	751,28	14,8	14,5	753,11	9,6	*9,1	16,2	7,0	Nuageux.	S. O.
755,90	9,5	9,4	755,40	11,6	*10,6	755,48	14,2	13,8	756,91	9,6	10,1	15,7	5,9	Bruine; qq. écl. à l'E.....	N.
756,51	8,0	8,0	756,44	12,0	12,1	755,71	15,6	14,3	757,76	11,9	12,5	15,5	6,6	Couv.; soleil par mom...	N. O.
759,63	13,9	14,2	759,34	17,2	17,1	758,81	18,7	18,6	759,41	13,6	13,9	18.7	7,4	Beau; qq. petits cumulus.	N. O.
758,82	14,6	14,9	758,23	17,9	13,0	757,40	18,6	18,5	758,18	13,2	13,5	19,1	7,0	Beau; cirrus au N. O.....	N. O.
758,83	12,5	12,4	758,06	15,6	15,4	756,97	17,8	17,6	757,54	13,9	14,3	18,0	8,2	Ciel vap.; sol. dans les nu.	N q.N.O. a.f.
757,06	9,2	*8,4	756,70	9.8	*9,3	755,47	10,0	*9,8	754,62	9,9	*9,8	10,8	8,6	Pluie contin. dep. minuit..	N.
754,06	10,4	*10,1	754,66	11,7	11,7	754,88	12,6	*12,6	755,94	12,7	12,6	13.6	9,4	Couvert............	N.
757,19	12,0	12,6	756,95	15,7	15,8	756,37	17.8	17,5	757,29	12,9	13,1	17,8	10,4	Quelq. cirrus très-légers.	N. q. N. E. f.
757,55	14,0	14,3	756,70	17,2	17,2	755,82	18,9	18,8	757,48	13,1	13,3	19,2	6,0	Beau...	N.
759,84	9,6	9,9	760,53	1,1	10,8	760,17	13,7	13,6	760,87	11,6	12,0	14,2	9,4	Couvert..	N. N. O.
761,09	12,8	13,4	760,55	14,8	14,9	759,39	17,0	16,5	758,72	13,2	13,5	17.2	6,2	Beau; quelques cumulus..	N. O.
756,62	14,4	15,0	755,37	18,3	18,0	754,12	19,0	18,7	753,25	14,6	14,6	20,3	7,2	Sol.; cum. venant de l'O.S.O.	O. N. O.
751,41	13,6	13,2	751,03	15,7	15,9	750,10	17,5	17,0	749,86	13,7	13,9	19,4	11,5	Couvert............	S. O. fort.
748,12	14,3	14,1	748,15	17,1	16,3	749,25	16,3	15,2	750,83	12,2	12,6	18,1	12,5	Couvert............	S. assez fort.
752,49	14,8	14,8	751,26	17,0	16,8	751,30	16,1	15,7	753,46	10,2	10,3	18,1	6,0	Couv. (cumulo-stratus)..	S.
756,00	13,8	13,9	755,60	15,4	14,7	754,69	16,3	15,8	754,57	11,3	14,1	18,2	5,3	Nuageux............	S. S. E.
752,56	14,4	14,2	752,18	12,0	*11,5	752,25	15,6	15,	(*)			16,7	8,9	Pluie............	S.
753,92	15,0	15.4	753,34	16,9	16,6	752,90	16,7	16,3	753,33	11,4	12,0	18,4	6,4	Nuageux............	S. S. O.
754,41	15,1	14,3	753,84	17,6	17,1	753,24	18,0	17,0	751,64	13,4	13,9	19,5	7,7	Cumulus............	S.
752,83	13,4	13,1	752,62	15,8		752,09	16,9	17,5	753,32	10,9	10,9	18,2	7,4	Couvert; éclaircies.......	O. S. O.
755,34	13,9	13,9	755,49	14,5	15,2	755,38	16,2	16,1	756,47	11,6	11,6	17,5	9,7	Couv.; écl.; oud. dep. 10h 30m	O. S. O.
756,50	17,1	17,3	755,91	19,6	19,3	754,97	20,7	20,0	754,30	15,2	15,9	21,4	7,8	Nuageux............	S. S. E.

)¹ Une observation a été faite à 9h 25m ; baromètre = 754mm,31 ; thermomètre extérieur = 9°,3 ; thermomètre tournant = 9°,8.

Nota. Les astérisques placés dans la colonne du thermomètre tournant indiquent que le thermomètre, qui n'est, jusqu'à nouvel ordre, qu'un thermomètre d'essai, était mouillé par pluie.

JOURS du MOIS.	9 HEURES DU MATIN. Temps vrai.			MIDI. Temps vrai.			5 HEURES DU SOIR. Temps vrai.			9 HEURES DU SOIR. Temps vrai.			THERMOMÈTRE.		ÉTAT DU CIEL A MIDI.	VENTS A MIDI.
	BAROM. à 0°.	THERM. extér. fixe et corrigé.	THERMOMÈTRE tournant.	BAROM. à 0°.	THERM. extér. fixe et corrigé.	THERMOMÈTRE tournant.	BAROM. à 0°.	THERM. extér. fixe et corrigé.	THERMOMÈTRE tournant.	BAROM. à 0°.	THERM. extér. fixe et corrigé.	THERMOMÈTRE tournant.	MAXIMA.	MINIMA.		
1	751,45	16,3	15,5	750,76	15,8	16,0	749,62	17,7	16,9	748,66	15,3	16,3	18,2	12,1	Couvert..............	S. E.
2	745,45	14,4	14,5	744,94	17,9	17,2	745,00	14,7	14,0	745,32	14,3	14,0	17,9	12,4	Couvert..............	S. E.
3	747,48	9,4	*9,7	748,55	9,9	*9,5	748,98	*12,9	12,8	750,30	10,7	*10,7	14,0	9,3	Couvert; bruine.......	N. E.
4	753,75	14,0	14,1	754,95	13,9	*14,0	755,50	16,2	15,7	757,32	11,4	11,6	17,0	9,9	Couvert; pluie........	N. E.
5	757,21	12,2	13,0	757,14	14,7	14,7	756,11	16,1	15,8	755,53	12,5	12,8	16,2	7,3	Nuageux.............	N. N. E.
6	754,42	12,2	11,5	754,58	11,3	10,9	754,30	13,1	12,9	754,88	10,8	11,0	13,4	9,1	Couvert..............	N.N.E. as.f.
7	756,20	10,9	11,0	756,70	12,5	12,3	756,98	13,2	13,0	757,67	11,4	11,6	13,7	8,2	Couv.; vent N. p. les nuages.	N. O.
8	758,10	10,1	10,2	758,00	11,8	12,0	757,52	13,7	13,4	757,97	11,2	11,1	13,7	8,9	Couvert; Idem.........	O. N. O.
9	757,89	11,8	11,8	757,27	17,9	17,1	756,63	19,5	18,8	757,02	12,1	12,2	18,8	8,8	Couvert..............	O. N. O.
10	757,36	14,2	13,5	757,21	18,2	17,1	757,23	16,2	15,4	757,97	12,3	12,6	18,0	10,2	Couvert..............	O.
11	757,64	15,9	16,4	756,98	18,6	18,1	755,87	18,8	17,8	755,31	14,0	14,9	20,4	7,7	Cumulus.............	S. O.
12	753,22	17,8	17,8	752,34	21,2	20,4	752,14	19,5	18,9	752,41	15,0	15,2	21,8	10,0	Nuageux.............	S. S. O. fort.
13	754,86	14,5	14,2	754,20	17,2	16,6	753,91	18,3	17,4	754,80	13,2	13,0	19,2	10,1	Couvert..............	S. S. O.
14	754,49	15,2	14,9	754,16	19,1	18,5	753,89	17,8	16,7	752,73	14,8	14,6	19,3	12,3	Couvert..............	S. O.
15	752,49	15,6	*14,9	752,95	16,6	*16,1	754,43	16,8	*15,9	751,90	15,5	*15,1	17,5	13,9	Pluie continue........	S. O.
16	753,02	17,5	16,9	752,26	19,3	18,9	751,49	20,0	18,9	750,11	16,7	16,9	20,4	15,0	Couvert..............	S. S. O.
17	750,10	17,5	16,8	750,14	18,1	17,5	750,20	20,0	19,5	750,80	14,9	15,1	20,8	13,0	Couvert..............	O. S.
18	(*)	»	»	750,92	14,7	*14,2	752,45	14,1	*13,6	755,61	14,0	14,2	15,5	11,8	Couvert; pluie........	O. N. O.
19	758,16	17,9	17,9	757,94	19,8	19,2	757,32	19,9	19,1	755,97	16,5	16,6	21,0	8,0	Cumulus.............	S. assez fort.
20	753,91	12,0	*11,7	755,48	13,2	*12,1	756,84	14,5	14,5	758,31	13,1	12,3	16,0	11,5	Pluie continue	O.
21	759,88	16,0	16,3	760,08	19,3	18,1	760,40	18,5	17,9	761,41	15,0	15,1	19,6	9,7	Nuageux; soleil.......	O.
22	761,84	19,5	18,1	761,69	20,5	19,9	761,28	19,9	18,9	761,71	15,2	15,1	21,1	12,8	Couvert; qq. éclaircies....	O.
23	762,87	16,5	16,3	762,75	19,4	19,0	762,88	20,1	19,4	763,29	17,4	17,6	23,0	13,4	Couvert..............	O.
24	762,71	19,9	»	762,00	21,8	»	761,25	22,9	»	760,51	18,3	»	23,1	12,4	Tr.-nuag.; sol. par inst...	O.
25	758,10	21,8	»	757,18	25,0	»	756,02	26,3	»	754,75	22,1	»	27,1	13,4	Vaporeux.............	E.
26	753,32	19,5	»	752,59	22,8	»	752,82	22,7	»	755,30	14,9	»	23,9	18,6	Couvert..............	S. S. O.
27	757,09	17,6	»	756,07	18,5	»	754,78	19,3	»	753,58	13,5	»	19,6	10,4	Tr.-nuag.; soleil par inst.	S.q.S.O. ass.f.
28	750,92	16,9	»	749,80	17,2	»	749,73	13,7	»	750,11	11,9	»	17,9	13,0	Couvert; pluie........	S.
29	749,12	16,1	»	750,34	15,5	14,6	750,72	17,5	17,3	749,34	11,8	12,2	18,3	10,7	Couv.; quelq. éclaircies..	S. O. fort.
30	749,69	12,5	*12,5	750,43	15,9	14,8	750,73	17,5	17,2	753,34	11,9	11,5	17,7	10,6	Couvert; éclaircies	O.

(*) Une observation a été faite à 10ʰ : baromètre = 750ᵐᵐ,48 ; thermomètre extérieur = 13°,9 ; thermomètre tournant = *13°,6.

Nota. Les astérisques placés dans la colonne d i thermomètre tournant indiquent que le thermomètre, qui n'est, jusqu'à nouvel ordre, qu'un thermomètre d'essai, était mouillé par la pluie. Un accident arrivé à ce thermomètre en a interrompu les observations du 24 au 29.

Quantité d'eau tombée pendant le mois. { Cour...... 195ᵐᵐ,44 Terrasse... 170ᵐᵐ,67

JOURS du MOIS.	9 HEURES DU MATIN. Temps vrai.			MIDI. Temps vrai.			3 HEURES DU SOIR. Temps vrai.			9 HEURES DU SOIR. Temps vrai.			THERMOMÈTRE.		ÉTAT DU CIEL A MIDI.	VENTS A MIDI.
	BAROM. à 0°.	THERM extér. fixe et corrigé.	THERMOMÈTRE extér. tourn.	BAROM. à 0°.	THERM. extér. fixe et corrigé.	THERMOMÈTRE extér. tourn.	BAROM. à 0°.	THERM. extér. fixe et corrigé.	THERMOMÈTRE extér. tourn.	BAROM. à 0°.	THERM extér. fixe et corrigé	THERMOMÈTRE extér. tourn.	MAXIMA.	MINIMA		
1	755,93	14,9	14,8	756,31	14,9	14,4	756,40	»	15,2	757,73	13,2	*16,2	17,1	10,9	Couvert; pluie	O. S. O.
2	758,19	16,0	14,3	758,22	17,5	17,3	757,73	19,2	19,0	757,50	15,8	15,4	19,5	11,1	Nuag.; sol. par mom. . . .	O. S. O.
3	754,81	20,7	20,7	753,46	23,1	»	752,37	24,3	»	750,63	19,4	»	25,1	18,8	Cirrus	S. E.
4	749,60	16,6	»	749,11	20,5	»	748,88	18,9	17,6	750,79	14,1	13,3	23,0	15,6	Couvert; quelq. éclaircies.	S.
5	751,78	17,5	18,7	752,21	19,0	19,2	752,71	14,5	*13,5	(*)"	»	»	19,6	12,7	Nuag.; sol. par mom. . . .	S. O.
6	751,97	17,6	15,2	751,65	18,3	17,6	751,26	19,5	18,4	751,13	15,3	14,8	20,0	13,3	Couv.; quelq. éclaircies..	S. O.
7	751,38	17,5	17,7	751,05	18,7	18,5	751,00	18,5	17,9	751,39	13,2	13,3	20,8	12,6	Très-nuageux.	S. O.
8	751,38	16,7	16,0	751,46	17,7	16,8	751,40	19,5	18,5	751,65	13,8	13,8	19,8	10,3	Très-nuageux.	S S. O.
9	751,82	15,8	*14,7	751,62	18,4	18,6	752,23	16,9	16,9	753,23	14,4	13,5	19,0	12,8	Très-nuag. pluie à 11h 1/2	S. O.
10	755,93	18,5	17,5	755,85	18,9	18,9	756,02	19,1	20,0	756,52	14,1	14,2	20,9	12,8	Sol. ass. faible; nuages...	S. O.
11	755,86	18,9	17,6	755,07	22,4	20,9	754,23	20,4	19,5	753,90	14,9	14,7	22,7	11,0	Couv.; quelq. éclaircies..	O. S. O.
12	753,43	17,3	16,5	753,46	17,3	17,3	753,44	17,7	*14,4	753,66	13,9	13,9	19,6	13,5	Couvert	N. O.
13	754,93	17,3	15,5	755,01	18,6	17,8	754,22	19,9	19,5	753,66	16,3	16,5	20,2	13,8	Couvert	O.
14	753,99	15,3	14,9	753,71	16,9	16,9	752,91	20,3	19,5	753,09	16,5	16,7	20,4	12,4	Couv.; quelq. éclaircies..	O.
15	754,19	21,5	21,1	754,13	17,3	*16,7	754,66	15,6	*15,6	757,26	15,0	*14,6	19,9	13,2	Couv.; éclairs; tonnerre.	S.
16	760,96	16,1	16,0	760,33	20,1	19,7	760,94	20,7	20,2	760,81	16,1	16,5	21,5	11,9	Nuageux.	O. N. O.
17	»	»	12,3	759,31	21,9	21,6	758,74	19,5	19,2	758,08	15,7	16,0	22,6	11,5	Couv.; sol. à trav. les n..	E. N. E.
18	757,93	17,4	17,9	757,76	19,2	18,4	757,46	19,8	19,4	757,76	17,2	17,7	20,5	14,6	Couvert; éclaircies au N..	O.
19	758,27	22,5	21,4	758,07	23,8	23,2	757,71	23,3	23,0	758,23	19,0	18,7	24,0	12,1	Beau; quelques nuages...	E. S. E.
20	758,88	24,8	24,5	758,47	27,7	25,2	758,22	27,3	27,0	758,93	22,7	22,5	29,0	13,5	Nuageux.	E. S. E.
21	761,68	21,5	22,3	761,39	25,7	25,7	761,09	27,7	27,5	760,57	21,5	21,8	28,6	14,9	Cirrus.	N. q. N. O.
22	762,85	22,3	22,6	762,05	27,9	26,6	761,19	29,2	28,0	762,15	25,3	25,2	30,2	15,4	Beau.	N. O.
23	760,32	26,7	27,4	759,76	29,3	29,4	759,09	29,8	29,2	758,26	26,4	26,2	31,0	18,7	Beau; couv. en p. de n..	N. N. O.
24	758,18	28,1	27,4	757,36	30,7	29,6	756,76	31,1	30,6	756,87	25,6	25,1	31,8	19,9	Beau.	N. E.
25	756,88	28,7	29,7	756,07	31,3	30,1	756,21	31,0	30,7	756,70	26,0	26,2	33,6	20,2	Très-nuageux.	S. E.
26	757,43	20,6	21,7	757,03	23,5	23,7	756,10	25,7	25,6	757,39	19,1	19,0	26,1	19,4	Couvert	N.
27	756,39	23,8	22,9	756,31	26,1	26,2	755,84	26,2	25,7	756,94	20,5	*19,9	26,8	16,6	Nuageux.	S. O
28	758,68	18,3	18,1	758,96	21,3	21,5	758,90	23,0	22,9	759,72	18,7	19,0	23,3	17,2	Couvert	N. E.
29	760,96	19,9	20,0	760,49	22,0	21,5	759,93	22,8	22,5	759,54	19,1	*19,7	23,2	15,4	Beau.	N. E.
30	758,57	24,3	24,1	757,47	25,2	24,4	757,05	25,9	26,0	750,39	21,5	*19,7	26,5	15,2	Beau.	N. E.
31	752,81	19,4	19,2	752,19	20,6	19,8	751,47	19,8	20,2	750,67	18,1	*17,6	21,6	17,0	Couvert	N. E.

(*)¹ Une observation a été faite à 8h 30m : baromètre = 753mm,50 ; thermomètre extérieur = 13°,8.

Nota. Les astérisques placés dans la colonne du thermomètre tournant indiquent que le thermomètre, qui n'est, jusqu'à nouvel ordre, qu'un thermomètre d'essai, était mouillé par la pluie.

Quantité d'eau recueillie pendant le mois. { Cour. . . . . . 104mm,38 / Terrasse . . . 90mm,46

JOURS du mois.	9 HEURES DU MATIN. Temps vrai.			MIDI. Temps vrai.			3 HEURES DU SOIR. Temps vrai.			9 HEURES DU SOIR. Temps vrai.			THERMOMÈTRE.		ÉTAT DU CIEL A MIDI.	VENTS A MIDI.
	BAROM. à 0°.	THERM. extér. fixe et corrigé.	THERMOMÈTRE tournant.	BAROM. à 0°.	THERM. extér. fixe et corrigé.	THERMOMÈTRE tournant.	BAROM. à 0°.	THERM. extér. fixe et corrigé.	THERMOMÈTRE tournant.	BAROM. à 0°.	THERM. extér. fixe et corrigé.	THERMOMÈTRE tournant.	MAXIMA.	MINIMA.		
1	751,99	20,5	20,0	752,03	23,0	22,4	751,64	22,4	21,2	752,12	18,0	18,2	24,2	16,6	Très-nuageux..........	O. q S. O.
2	750,32	16,7	17,2	750,53	8,7	18,4	751,43	21,2	20,0	753,59	15,8	15,5	21,5	14,5	Cumulus..............	N. O.
3	753,36	17,5	18,1	753,18	9,9	19,3	753,00	18,3	*16,9	753,54	14,9	14,7	21,2	10,6	Couvert..............	S.
4	754,78	14,5	*13,7	754,76	17,3	17,3	755,06	13,3	*13,3	755,89	12,6	12,9	18,7	11,9	Couvert..............	S. O.
5	755,68	15,2	15,3	755,99	15,0	*15,0	755,06	15,6	15,4	757,07	13,3	12,6	16,2	10,0	Couvert; pluie fine......	O. q. N. O.
6	757,44	16,3	16,4	757,49	8,0	17,9	757,05	19,5	19,3	757,70	15,6	15,8	20,2	13,0	Couvert..............	N. O.
7	758,01	16,0	16,2	757,51	8,5	18,6	757,40	17,8	17,8	757,93	15,5	15,8	19,6	13,0	Couvert..............	N. O.
8	759,11	17,5	18,3	758,54	19,7	20,2	758,16	20,7	20,0	757,61	15,5	15,0	21,0	11,8	Nuageux.............	N. O.
9	756,72	20,4	20,2	755,99	23,2	22,8	755,05	23,7	22,8	754,29	19,3	19,6	24,9	12,6	Sol. par mom.; nuages ...	S. E.
10	752,89	19,1	18,4	752,53	22,5	22,0	752,46	24,1	23,4	754,47	17,5	17,4	24,3	16,8	Couvert entièrement. ...	O.
11	757,07	19,2	19,4	757,91	19,8	19,6	757,91	19,9	20,1	758,63	16,5	14,8	22,9	12,9	Nuages à l'horizon.....	O.
12	"	"	"	758,14	23,0	22,8	756,97	23,7	23,7	756,28	18,5	18,5	24,7	10,2	Beau ciel..............	S E.
13	755,27	22,6	22,3	753,97	24,9	25,2	753,19	25,3	24,8	752,66	19,5	20,0	25,8	13,6	Beau; légers cirrus......	E. S. E.
14	753,45	20,8	20,5	754,63	21,5	20,7	754,65	22,8	21,6	754,68	17,9	18,5	23,2	15,6	Couvert..............	S. O.
15	755,98	17,5	17,4	756,36	19,7	19,6	756,70	20,8	20,8	757,18	15,1	14,8	21,0	14,2	Nuageux.....	S. O.
16	754,31	11,7	*11,2	754,16	16,5	10,1	756,53	15,5	*13,7	758,82	11,9	12,1	21,5	9,9	Nuageux.............	S.
17	760,18	17,5	17,2	759,88	14,7	*13,7	759,08	17,0	16,4	758,95	12,6	12,9	18,3	10,7	Pluie abondante.......	S. O.
18	761,96	13,8	14,3	761,91	17,1	17,1	761,97	19,1	18,6	762,04	13,7	14,3	19,5	9,3	Quelques nuages........	N. O.
19	762,60	19,3	18,7	761,77	22,0	21,8	761,05	22,3	22,2	759,92	16,7	16,5	23,0	9,9	Beau.	O.
20	759,36	(*)'	21,5	758,76	22,9	23,4	758,15	24,9	24,3	757,96	18,9	19,4	25,4	12,8	Quelques cirro-cumulus..	S.
21	756,35	23,5	24,0	755,43	25,2	25,7	753,70	27,1	27,0	752,77	21,5	22,0	27,2	14,0	Couvert..............	O. S. O.
22	755,77	17,7	17,9	756,39	20,2	20,1	757,05	21,2	"	759,19	15,6	15,9	22,3	16,7	Très-nuageux..........	N. O.
23	762,39	16,9	16,6	762,37	20,3	19,7	762,15	19,8	19,6	762,34	14,2	14,1	21,8	10,7	Couvert..............	N. O.
24	760,77	18,4	18,4	760,21	20,8	20,0	759,13	22,6	22,3	758,98	18,6	19,0	23,2	11,6	Couvert..............	S. S. O.
25	761,26	17,2	17,8	762,11	19,0	19,5	762,83	19,1	18,9	765,26	14,7	14,8	19,9	13,9	Tr.-nuag.; sol. par mom..	N. O.
26	766,79	15,6	15,8	766,34	15,4	18,1	765,60	19,7	19,4	766,21	16,4	16,7	20,0	9,0	Très-nuageux..........	N.
27	766,97	18,6	17,7	766,59	20,1	20,3	766,09	21,9	21,8	766,69	18,0	18,3	22,1	13,2	Beau; quelques cirrus ...	N.
28	767,90	18,5	18,9	767,57	20,8	21,0	766,82	23,0	22,8	767,14	19,4	19,3	23,2	14,1	Quelques nuages........	N. E.
29	768,03	20,1	19,9	767,36	24,1	24,4	766,49	24,9	24,7	765,55	20,2	20,8	25,3	15,6	Beau; quelques cumulus..	N. E.
30	764,67	22,2	21,9	763,47	24,4	24,1	762,15	24,9	24,5	761,12	19,6	20,9	25,2	14,6	Beau...............	E
31	760,58	21,7	21,4	759,89	25,1	25,1	759,56	25,6	25,2	760,13	20,2	20,2	26,1	13,9	Nuageux.............	N.

Une observation a été faite à 9h 30m : baromètre = 758mm,88 ; thermomètre extérieur = 21°,6.

(*)' Le soleil donnait sur le thermomètre. A 9h 10m le thermomètre abrité par un écran indiquait 22°,1.

Quantité d'eau recueillie pendant le mois. Cour..... 46mm,56 / Terrasse... 43mm,70

JOURS du mois.	9 HEURES DU MATIN. Temps vrai.			MIDI. Temps vrai.			3 HEURES DU SOIR. Temps vrai.			9 HEURES DU SOIR. Temps vrai.			THERMOMÈTRE.		ÉTAT DU CIEL A MIDI.	VENTS A MIDI.
	BAROM. à 0°.	THERM. extér. fixe et corrigé.	THERMOMÈTRE tournant.	BAROM. à 0°.	THERM. extér. fixe et corrigé.	THERMOMÈTRE tournant.	BAROM. à 0°.	THERM. extér. fixe et corrigé.	THERMOMÈTRE tournant.	BAROM. à 0°.	THERM. extér. fixe et corrigé.	THERMOMÈTRE tournant.	MAXIMA.	MINIMA.		
1	762,27	18,1	18,6	761,94	22,2	22,1	761,48	24,0	24,0	762,68	19,1	18,9	24,1	14,8	Beau ; vapeurs........	N. E.
2	764,67	17,4	17,7	764,53	22,:	22,7	764,05	23,5	23,4	764,58	19,1	19,1	23,7	13,4	Vapeurs épaisses	N.
3	764,80	18,7	18,6	764,31	22,4	22,5	763,35	24,1	23,9	764,01	18,8	18,9	24,1	13,0	Beau..................	N.
4	763,68	18,0	17,7	763,13	21,3	21,2	762,34	23,5	23,2	762,86	19,1	19,4	23,9	12,9	Beau.................	N. E.
5	765,11	18,5	18,5	764,56	23,0	23,1	764,03	24,5	24,2	761,80	18,5	18,9	24,6	13,0	Beau.................	N. E.
6	764,80	14,5	14,6	763,33	20,6	20,8	762,26	23,6	23,5	761,86	18,7	18,4	23,7	13,0	Beau	N. E.
7	760,93	15,7	»	760,06	21,8	»	759,36	22,6	22,5	760,01	17,8	17,4	23,0	11,3	Beau.................	N. E.
8	760,54	14,5	13,9	759,76	16,:	16,2	758,80	17,3	17,3	759,36	13,2	13,7	17,7	12,6	Beau.................	N. fort.
9	759,87	12,9	13,0	759,26	16,8	16,8	758,84	17,7	17,8	759,50	13,5	14,0	17,9	8,9	Beau.................	N. fort.
10	761,48	13,5	13,5	761,14	16,9	17,3	760,56	18,1	18,2	761,14	12,6	12,5	18,3	8,2	Beau.................	N.
11	761,72	17,3	15,1	761,00	19,:	19,2	760,27	20,5	20,3	760,02	13,7	15,0	20,7	6,6	Beau.................	N.
12	759,95	16,4	16,5	758,80	23,5	23,6	758,15	25,0	25,5	758.41	17,7	19,1	25,6	6,7	Beau.................	E. N. E.
13	759,18	18,1	17,7	759,25	21,5	20,5	758,35	21,1	20,	758,51	18,8	»	23,9	13,3	Couvert,..............	S.
14	756,46	20,0	19,9	755,98	25,0	24,5	754,76	26,7	27,0	755,04	21,7	21,9	27,7	17,2	Très-nuageux..........	O. fort.
15	758,88	20,7	20,8	758,35	23,5	23,0	757,80	24,9	24,5	757,83	19,3	20,0	25,6	17,6	Très-nuageux..........	S. O.
16	759,17	20,5	20,6	758,27	23,8	23,0	756,45	25,7	25,8	755,14	20,9	21,4	26,1	15,9	Très-nuageux..........	S.
17	755,49	21,8	21,0	755,89	21,0	20,6	755,92	20,9	20,5	757,72	15,6	15,8	22,6	17,6	Couvert...............	S.
18	763,60	17,3	16,3	763,35	19,0	18,5	762,97	19,6	19,3	762,73	12,8	13,8	20,4	12,7	Nuageux..............	O.
19	762,60	17,6	17,0	762,25	19,7	20,0	761,48	22,4	22,0	761,92	15,5	15,9	22,5	11,6	Nuageux ; éclaircies au sud.	O.
20	759,21	19,0	18,0	758,36	22,5	22,4	757,06	23,4	23,7	758,00	17,4	17,5	23,7	9,2	Beau.................	S. O.
21	761,18	15,5	15,3	760,91	17,1	17,6	760,75	17,3	17,4	761,86	11,3	11,8	18,0	10,5	Nuageux..............	N. O.
22	764,39	13,2	13,0	764,17	14,5	14,5	763,70	14,3	14,3	765,64	8,7	9,2	15,2	12,5	Très nuageux, soleil par instants.	O. N. O.
23	764,70	10,7	*9,9	764,05	11,7	11,6	764,14	13,5	*12,5	765,36	13,2	13,5	14,5	7,5	Couvert...............	S. E.
24	764,72	15,2	15,0	763,85	17,9	18,3	762,81	18,9	19,0	761,90	13,7	14,0	19,1	11,8	Nuages ; soleil.........	O. N. O.
25	763,96	13,3	13,9	764,64	14,3	14,4	763,95	16,0	15,9	765,69	11,2	12,0	17,2	12,7	Quelq. nuages au N. et au S.	N. O.
26	766,55	11,7	11,5	766,01	15,0	15,0	765,18	15,7	15,5	765,50	12,0	12,4	16,3	5,8	Nuageux ; un halo......	N. E.
27	765,13	13,1	12,6	764,08	»	17,2	(*)	»	»	762,47	13,0	13,0	18,8	6,9	Beau.................	E.
28	761,99	12,3	12,0	761,35	17,1	17,2	760,49	19,3	19,0	760,66	14,1	14,8	19,5	7,1	Beau.................	E. S. E.
29	760,51	14,7	14,0	759,71	19,5	19,2	758,96	20,7	20,7	759,89	14,3	15,0	21,1	8,7	Beau.................	E.
30	761,08	13,7	13,5	760,80	18,9	19,0	760,24	20,7	20,5	761,88	13,7	13,9	20,8	7,3	Vaporeux.............	E.

(*) A 3h 30m le baromètre corrigé donne 763,12; thermomètre tournant = 18°,6.

Quantité d'eau recueillie pendant le mois. { Cour..... 13mm,65. { Terrasse.. 12mm,48.

JOURS du MOIS.	9 HEURES DU MATIN. Temps vrai.			MIDI. Temps vrai.			3 HEURES DU SOIR. Temps vrai.			9 HEURES DU SOIR. Temps vrai.			THERMOMÈTRE.		ÉTAT DU CIEL A MIDI.	VENTS A MIDI
	BAROM. à 0°.	THERM. extér. fixe et corrigé.	THERMOMÈTRE tournant.	BAROM. à 0°.	THERM. extér. fixe et corrigé.	THERMOMÈTRE tournant.	BAROM. à 0°.	THERM. extér. fixe et corrigé.	THERMOMÈTRE tournant.	BAROM. à 0°.	THERM. extér. fixe et corrigé.	THERMOMÈTRE tournant.	MAXIMA.	MINIMA.		
1	762,99	[1] 16,7	12,8	762,35	19,3	19,2	761,61	20,1	20,4	761,49	13,2	12,5	20,7	8,8	Beau....................	E.
2	759,85	15,0	12,4	758,57	17,3	17,8	756,57	20,6	20,3	755,52	15,3	15,2	21,4	6,8	Beau....................	S. E.
3	753,22	18,5	17,7	753,23	20,7	20,3	753,09	19,8	19,5	755,29	14,8	14,7	21,5	14,2	Quelq. nuages à l'Est; Beau.	O. N. O.
4	755,46	15,6	15,1	754,48	17,9	17,9	753,96	16,3	16,4	754,21	16,1	16,4	19,1	13,4	Couvert,................	O.
5	752,95	17,7	16,5	752,78	19,7	19,7	751,21	19,0	*18,2	750,52	[1]17,6	18,2	20,9	15,1	Couv.; quelq. éclaircies...	O. N. O. fort.
6	747,96	16,6	16,8	747,31	20,9	20,4	745,12	22,2	21,6	746,23	16,5	16,3	23,0	15,6	Couvert.................	S. O. fort.
7	750,36	18,7	18,9	751,72	20,3	20,1	753,00	16,3	16,5	755,89	12,0	12,1	21,7	14,5	Nuageux................	S. O.
8	757,51	14,2	13,7	756,55	19,6	20,0	754,79	22,1	22,0	752,91	[2]16,3	17,0	22,3	10,2	Beau....................	E.
9	751,13	17,9	18,6	751,63	19,2	*19,0	751,20	17,7	17,8	753,87	13,5	*13,4	22,1	11,9	Pluie...................	S. S. E.
10	758,95	17,5	16,8	759,73	17,2	17,0	759,70	18,4	18,3	762,03	12,1	12,6	22,1	12,8	Très-nuageux...........	N. N. O.
11	761,24	16,5	16,5	760,84	17,0	16,2	760,90	15,9	15,6	764,28	11,5	11,6	20,6	12,4	Couvert................	N. N. O.
12	766,87	11,7	12,0	766,57	13,8	13,8	766,23	13,9	13,8	767,15	9,3	9,6	16,0	7,8	Nuageux................	N. O. fort.
13	765,84	8,5	9,1	766,04	11,6	11,5	765,28	11,1	11,4	765,08	8,9	8,8	13,4	6,2	Se couvre..............	N. N. E.
14	765,43	9,2	9,3	764,98	12,7	12,7	763,65	12,3	12,2	763,24	10,0	9,7	13,5	7,4	Couvert; nomb. éclaircies.	N.
15	761,04	9,6	9,5	760,40	12,0	12,0	759,47	13,2	13,2	759,81	7,6	7,2	13,4	9,6	Très-nuageux...........	N.
16	758,39	9,5	9,4	756,55	11,2	11,0	754,33	11,6	11,5	751,42	10,9	10,8	11,7	6,7	Couvert	S. O.
17	743,88	8,6	8,4	739,79	-),5	*8,6	735,50	9,4	*9,0	734,40	7,2	*7,2	10,4	6,7	Pluie fine.............	E. S. E.
18	741,72	6,7	6,8	742,94	9,9	9,8	744,58	10,4	10,0	746,59	8,8	8,6	11,6	5,9	Couvert	O.
19	752,56	10,2	9,7	753,24	10,5	10,0	753,37	10,0	9,8	754,48	8,2	8,3	11,0	7,8	Couvert	O.
20	749,27	9,8	10,2	748,34	12,2	11,8	745,55	9,1	*8,5	744,23	8,8	8,7	12,0	5,5	Couvert	S. S. O.
21	746,34	8,9	8,8	747,19	11,0	*10,2	747,17	11,1	10,4	750,68	9,2	9,2	11,4	6,7	Couvert; pluie assez forte..	O. N. O.
22	748,09	10,0	10,0	746,67	13,4	13,2	746,75	12,7	12,5	»	»	»	13,9	8,6	Couvert	S. O. fort.
23	744,27	9,6	*9,4	743,86	11,9	11,7	743,92	12,9	12,5	746,15	8,6	8,8	13,0	8,8	Couvert; éclaircies au N...	O. S. O.
24	748,98	7,8	7,8	748,10	11,5	11,4	746,91	11,2	11,1	735,46	12,1	12,0	12,5	4,8	Nuageux................	S. S. O.
25	737,22	13,3	13,3	735,70	14,0	*13,7	734,93	13,9	13,8	737,75	9,8	*9,5	15,2	8,5	Couvert; pluie abondante.	S. S. O.
26	752,12	8,4	8,5	752,86	11,1	10,8	753,09	10,9	10,6	756,21	6,2	6,8	11,9	5,4	Couvert; éclaircies au N..	S. O.
27	763,51	6,4	6,5	765,20	10,4	10,3	765,75	11,4	11,2	768,32	5,3	5,8	12,0	3,6	Beau....................	O.
28	769,19	4,6	5,0	768,23	9,7	9,8	766,71	11,7	11,8	764,85	6,5	6,7	11,8	1,5	Beau....................	S. E.
29	763,90	6,3	7,0	763,30	13,2	12,8	763,24	16,0	16,1	763,87	10,1	10,5	16,1	2,6	Beau....................	S. E.
30	764,22	10,2	10,8	763,39	15,3	15,2	762,21	18,6	18,2	762,01	9,0	10,3	18,6	5,2	Beau....................	S.
31	762,20	8,6	8,9	761,70	13,7	14,0	761,36	16,9	17,2	764,07	11,2	11,2	18,6	5,3	Beau....................	S. S. E.

(1) Le soleil donnait sur le thermomètre. — (2) Cette observation a été faite à 9ʰ 10ᵐ. — (3) Cette observation a été faite à 9ʰ 14ᵐ.)
(4) Une observation a été faite à 9ʰ 30ᵐ. Baromètre = 748ᵐᵐ,43; thermomètre extérieur = 9°,6; thermomètre tournant = 9°,8.

Quantité d'eau de pluie recueillie pendant le mois. { Cour..... 74ᵐᵐ,36 / Terrasse... 66ᵐᵐ,96

Nota. Les astérisques placés dans la colonne du thermom. tournant indiquent que ce thermom., qui n'est, jusqu'à nouvel ordre, qu'un thermom. d'essai, était mouillé par la pluie.

OBSERVATIONS MÉTÉOROLOGIQUES FAITES A L'OBSERVATOIRE DE PARIS. — NOVEMBRE 1834.

JOURS du mois.	9 HEURES DU MATIN — Temps vrai.			MIDI — Temps vrai.			3 HEURES DU SOIR — Temps vrai.			6 HEURES DU SOIR — Temps vrai.			9 HEURES DU SOIR — Temps vrai.			MINUIT — Temps vrai.			THERMOMÈTRE.		ÉTAT DU CIEL A MIDI.	VENTS A MIDI.
	BAROM. à 0°.	THERM. extér. fixe et corrig.	THERMOMÈTRE tournant.	BAROM. à 0°.	THERM. extér. fixe et corrig.	THERMOMÈTRE tournant.	BAROM. à 0°.	THERM. extér. fixe et corrig.	THERMOMÈTRE tournant.	BAROM. à 0°.	THERM. extér. fixe et corrig.	THERMOMÈTRE tournant.	BAROM. à 0°.	THERM. extér. fixe et corrig.	THERMOMÈTRE tournant.	BAROM. à 0°.	THERM. extér. fixe et corrig.	THERMOMÈTRE tournant.	MAXIMA.	MINIMA.		
1	»	»	»	767,68	10,6	10,8	767,02	11,5	11,6	767,47	11,2	11,1	767,47	10,2	*10,3	766,91	11,5	9,2	11,8	8,6	Brumeux depuis le matin	N.
2	767,15	7,8	7,8	766,39	9,2	9,5	765,69	11,0	10,9	765,47	10,0	10,0	765,48	9,4	9,2	764,46	8,8	8,8	11,0	7,5	Brouillard épais	N. N. E.
3	762,67	10,8	11,0	763,78	8,6	8,7	762,69	10,2	10,0	763,59	8,5	8,2	764,53	5,8	5,6	764,07	4,6	4,4	12,1	8,0	Couvert; pluie fine	N. O.
4	763,73	4,2	4,6	762,95	9,0	9,2	761,89	9,4	9,4	762,01	8,0	8,7	761,23	8,2	8,2	759,50	8,8	8,6	9,6	1,6	Couvert; quelques éclaircies	O.
5	757,35	10,8	10,6	757,60	11,8	11,4	757,47	12,2	11,7	757,92	11,4	11,5	758,88	11,0	10,9	760,62	8,4	8,0	12,3	5,1	Couvert	O.
6	764,59	8,2	8,1	765,28	10,8	10,9	765,76	11,1	11,0	767,00	8,3	8,5	768,45	6,2	5,7	768,57	6,3	6,5	11,5	6,6	Très-nuageux	N. O.
7	770,50	8,6	8,8	770,06	10,4	10,3	769,76	10,6	10,5	769,42	9,7	9,8	769,28	8,0	7,6	768,32	6,4	6,0	11,0	6,0	Couvert	N. N. O.
8	766,36	6,1	6,3	764,91	8,2	8,5	762,88	9,2	9,0	761,75	8,5	8,6	760,75	8,3	8,5	759,15	8,4	8,5	9,7	−4,2	Couvert; brouillard léger	N. N. O.
9	758,21	6,9	7,0	758,46	6,4	6,5	759,14	6,6	6,9	760,85	4,4	4,4	762,41	3,1	3,4	763,05	1,5	1,3	7,3	6,5	Couvert; rares éclaircies au N.	N. O.
10	763,55	1,9	2,0	761,92	5,8	6,0	761,91	6,4	6,5	761,52	5,0	4,3	760,70	5,2	*5,0	759,94	5,3	6,8	6,8	−0,3	Le ciel se couvre	O. N. O.
11	755,88	9,9	9,4	757,11	10,4	10,1	758,54	10,0	9,8	760,24	8,4	8,0	761,43	6,2	6,0	761,24	6,2	*6,0	10,8	5,1	Découv.; nuages au N. surtout	N. O.
12	762,11	6,8	6,8	762,31	8,0	7,9	762,05	7,9	7,5	762,98	6,4	6,2	763,45	5,8	5,5	763,55	5,2	5,1	8,6	5,8	Couvert; quelques éclaircies	O. N. O.
13	762,41	3,8	3,8	761,28	5,7	5,5	759,96	4,6	4,5	759,24	2,4	4,1	758,26	1,8	3,0	756,49	1,8	3,4	5,6	3,4	Couvert; quelques éclaircies	S. E.
14	756,21	0,5	0,9	748,59	1,1	−0,2	747,40	3,4	3,4	747,85	4,2	4,3	747,65	4,5	4,0	747,35	4,3	4,0	5,5	»	Couvert; neige	S. E.
15	742,04	8,0	7,3	740,31	9,2	8,1	739,11	8,7	7,4	738,09	8,6	7,7	736,84	8,1	*7,5	735,43	7,0	6,8	9,7	−0,2	Couvert; pluie avant l'observ	S.
16	734,52	8,8	7,6	735,76	10,6	9,5	736,38	10,2	9,0	736,64	8,4	7,8	737,14	7,8	7,1	737,14	7,8	7,1	11,2	3,7	Très-nuageux	S.
17	737,59	8,3	7,1	737,95	9,4	8,5	737,32	9,7	8,5	737,66	7,1	6,4	738,54	5,2	4,7	739,70	4,0	3,6	10,2	7,6	Couvert	N. N. O.
18	742,38	3,2	3,5	743,12	4,0	3,0	744,11	3,4	1,7	745,83	1,6	1,0	747,32	1,6	1,5	747,76	1,8	1,1	4,6	2,8	Couvert	N. N. E.
19	752,55	1,4	1,4	753,53	3,1	3,7	753,53	3,4	2,7	754,62	3,0	2,7	755,64	2,2	2,0	755,49	0,6	0,8	3,6	0,5	Couvert	N. E.
20	756,20	0,8	0,2	755,95	2,5	1,9	755,68	2,5	1,9	756,28	2,1	1,6	757,00	2,0	1,8	756,47	1,4	1,5	3,1	0,2	Couvert	N. E.
21	755,12	−0,6	−1,3	753,40	0,2	−0,6	751,68	0,7	0,0	749,41	−1,2	−1,5	747,04	−0,3	−0,8	743,40	−0,6	−1,2	0,9	−1,1	Nuageux	N. E.
22	733,90	1,6	*0,8	731,51	4,0	3,5	732,01	5,6	4,8	733,87	2,3	1,0	734,40	1,5	1,3	735,11	1,1	1,0	5,7	−0,8	Couvert	O.
23	735,87	0,0	−0,7	735,03	1,4	0,4	733,45	2,2	1,4	733,14	2,6	*1,7	732,14	2,2	2,2	731,96	2,2	*1,1	2,6	−0,3	Couvert; brouillard assez épais	S.
24	734,31	2,3	*1,4	734,84	4,4	3,2	734,75	3,1	1,8	735,73	2,2	1,7	736,58	2,2	1,5	738,00	1,6	*0,9	4,8	0,9	Couvert; pluie	S. S. O.
25	742,94	1,4	0,7	743,85	3,6	2,2	744,75	3,5	2,5	745,42	1,3	0,8	746,93	1,4	0,6	747,87	2,0	1,4	4,6	1,3	Couvert	O. S. O.
26	751,52	2,2	1,5	752,59	2,6	1,4	753,07	2,6	1,7	754,07	1,8	0,9	755,08	1,6	1,0	755,55	1,5	0,9	3,5	1,7	Couvert	S. O.
27	756,00	1,1	0,4	756,43	1,8	0,9	756,85	1,9	0,8	755,85	0,0	−0,5	755,23	−1,4	−1,8	755,86	−1,6	−2,0	2,1	1,0	Couvert; brouillard très-léger	N.
28	753,96	0,9	0,0	753,49	4,4	2,8	750,88	5,2	4,3	751,65	5,6	*4,4	749,99	5,4	4,9	748,80	5,7	4,7	»	−2,1	Couvert	S. O.
29	738,44	8,8	7,5	737,38	8,4	7,3	736,69	10,0	7,9	737,11	7,0	*5,8	739,18	6,4	5,8	741,32	6,4	5,9	10,8	5,6	Couv.; pl. un inst. av. l'observ	O.
30	748,21	4,8	3,8	749,14	7,4	6,7	749,00	5,7	4,5	748,05	6,3	5,5	744,77	6,7	*5,8	743,01	10,3	9,3	8,0	4,2	Beau; quelques nuages	O.

Quantité d'eau de pluie recueillie pendant le mois { Cour ..... 63mm,90 / Terrasse... 54mm,17

Nota. Les astérisques placés dans la colonne du thermomètre tournant, indiquent que ce thermomètre, qui n'est, jusqu'à nouvel ordre, qu'un thermomètre d'essai, était mouillé par la pluie.

OBSERVATIONS MÉTÉOROLOGIQUES FAITES A L'OBSERVATOIRE DE PARIS. — DÉCEMBRE 1854.

9 HEURES DU MATIN. Temps vrai.			MIDI. Temps vrai.			5 HEURES DU SOIR. Temps vrai.			6 HEURES DU SOIR. Temps vrai.			9 HEURES DU SOIR. Temps vrai.			MINUIT. Temps vrai.			THERMOMÈTRE.		ÉTAT DU CIEL A MIDI.	VENTS A MIDI.
BAROM. à 0°.	THERM. extér. fixe et corrig.	THERMOMÈTRE tournant	BAROM. à 0°.	THERM. extér. fixe et corrig.	THERMOMÈTRE tournant	BAROM. à 0°.	THERM. extér. fixe et corrig.	THERMOMÈTRE tournant	BAROM. à 0°.	THERM. extér. fixe et corrig.	THERMOMÈTRE tournant	BAROM. à 0°.	THERM. extér. fixe et corrig.	THERMOMÈTRE tournant	BAROM. à 0°.	THERM. extér. fixe et corrig.	THERMOMÈTRE tournant	MAXIMA.	MINIMA.		
745,23	9,6	8,3	747,78	9,6	8,8	749,45	8,3	8,0	751,60	5,8	5,5	753,60	5,0	*4,6	754,38	4,0	3,5	10,2	5,8	Couvert; rares éclaircies	N. O.
756,57	4,5	3,8	756,48	8,6	7,6	756,47	8,2	6,9	759,14	6,8	6,5	760,73	4,4	4,1	762,09	3,6	3,5	8,3	3,3	Couvert	O. S. O.
761,85	6,4	5,8	760,84	7,2	7,2	759,74	8,5	7,9	758,96	7,9	7,3	758,84	8,5	7,8	757,38	8,0	7,5	8,6	5,5	Couvert	O. S. O.
760,19	8,6	8,0	761,58	9,4	8,7	761,74	9,2	8,5	762,64	6,7	6,4	762,56	3,6	3,3	761,42	3,6	3,2	9,6	6,6	Couvert	O.
757,31	3,0	2,5	754,62	7,0	6,0	751,20	7,0	6,0	748,68	6,4	5,7	746,20	6,1	5,5	744,36	6,2	5,4	8,8	2,3	Très-nuageux	S. O.
(1)	»	»	747,18	6,0	5,4	746,88	6,5	6,1	749,75	4,3	3,5	751,12	3,4	2,8	752,07	2,6	1,8	7,1	4,1	Beau; quelques vapeurs	S.
756,16	3,6	2,5	757,29	4,7	4,0	757,97	5,6	4,8	759,55	4,1	4,2	760,64	3,6	3,3	760,71	2,0	1,5	4,4	1,2	Couvert	N. O.
760,13	1,0	−0,1	757,71²	3,6	2,9	756,81	5,2	4,9	754,92	4,2	3,5	752,71	4,3	3,8	750,39	4,0	*3,4	5,1	0,4	Couvert; quelques éclaircies	S. O.
745,89	7,8	6,7	743,65	7,2	6,2	744,11	6,4	5,5	745,28	4,8	4,1	746,53	3,0	2,5	746,77	1,5	1,2	7,6	4,0	Couv.; quelq. éclaircies; pluie	O.
750,46	3,4	2,6	751,95	3,7	2,8	753,19	3,6	2,8	754,33	3,4	3,1	756,25	1,6	1,2	756,99	1,8	1,5	4,1	0,7	Couvert	N.
759,73	1,8	1,1	759,78	2,4	1,6	759,70	2,4	1,8	760,53	2,0	1,5	761,07	0,6	0,0	761,40	0,3	0,3	2,8	0,8	Couvert; léger brouillard	N. O.
762,27	0,6	−0,5	762,48	1,2	0,6	762,58	2,0	1,0	763,50	1,8	0,8	764,52	2,2	1,5	764,64	0,6	0,0	2,8	−0,4	Couvert	S.
765,84	3,3	2,4	766,25	6,3	5,5	766,15	6,7	6,0	765,86	4,8	4,2	764,82	6,6	6,1	763,78	7,8	7,2	7,1	0,0	Couvert	O. S. O.
762,53	10,0	9,4	761,92	11,2	10,3	761,42	11,1	11,5	761,88	11,2	10,6	763,61	11,2	10,6	763,01	11,2	10,5	11,8	2,8	Couvert	O.
763,68	10,4	9,5	764,04	10,6	9,8	763,01	10,2	9,2	762,69	9,8	9,3	761,85	9,4	*8,5	760,68	9,2	8,5	10,8	9,4	Couvert	O. S. O.
754,36	9,2	8,4	754,55	10,9	10,3	754,89	9,3	8,8	756,76	6,0	5,6	755,58	6,6	*4,8	756,16	5,1	4,0	12,0	8,2	Couvert	O.
757,55	3,8	3,0	756,59	5,0	4,4	756,30	4,7	3,3	756,11	2,8	2,5	755,42	1,9	1,0	753,68	2,6	3,1	5,8	3,0	Couvert	O.
739,88	3,9	*3,0	732,48	5,0	*3,8	729,24	6,1	*5,7	735,56	1,8	*1,0	740,99	2,6	3,5	744,55	2,8	3,5	7,6	3,1	Couvert; pluie	S.
750,83	2,8	2,0	751,36	4,2	3,3	751,83	4,	3,4	751,25	2,3	1,9	749,95	1,4	1,0	746,99	1,6	2,0	4,3	2,6	Très-nuageux	N. O.
743,56	1,1	0,2	744,93	1,6	*1,0	746,01	2,6	*1,6	748,82	4,8	4,0	752,98	4,4	3,6	755,88	4,3	3,4	4,8	0,3	Couvert; brume	S. S. E.
762,25	2,4	1,8	762,62	5,1	4,4	762,18	5,0	5,1	761,76	4,8	*3,3	760,52	4,6	3,7	759,69	7,0	6,5	6,1	2,3	Beau soleil; nuages à l'ouest	O. N. O.
760,01	9,4	8,5	758,44	11,1	10,2	758,12	10,3	10,0	757,33	10,8	10,1	756,13	10,5	9,8	755,36	10,2	9,5	11,5	4,6	Couvert	O.
756,13	9,8	*9,0	756,65	10,0	9,0	756,83	9,3	8,5	753,86	9,2	*8,0	751,88	9,9	»	752,21	10,2	»	10,2	9,3	Couvert	O. N. O.
757,77	4,7	»	757,53	8,9	»	756,53	9,3	»	757,08	8,4	»	757,95	8,4	»	757,73	8,0	»	»	3,9	Très-nuageux; soleil	O.
755,79	9,5	»	755,71	11,0	»	755,12	11,3	»	755,35	10,6	»	755,37	9,9	»	755,99	9,3	»	10,9	7,5	Couvert; éclaircies	S. O.
757,85	7,6	»	757,90	8,7	»	757,97	7,5	»	758,25	5,8	»	758,41	5,1	»	757,89	4,4	»	9,3	6,8	Très-nuageux	O.
756,33	4,5	»	757,11	6,4	»	757,29	1,5	»	756,56	1,5	»	757,95	1,0	»	757,55	1,2	»	6,6	3,4	Beau; quelques petits cumulus	N.
763,26	1,7	»	765,55	2,3	»	767,04	3,6	»	767,84	2,9	»	768,95	1,3	»	769,49	0,4	»	3,6	0,4	Couvert	N. O.
771,31	0,2	»	771,59	2,3	»	771,43	3,0	»	771,90	2,4	»	772,08	1,6	»	772,14	2,2	»	3,4	−0,5	Nuag. à l'hor.; soleil; éclaircies	O. N. O.
772,06	1,4	»	771,84	6,5	»	771,16	6,5	»	770,98	5,6	»	771,00	5,5	»	769,95	5,6	»	6,2	0,7	Couvert	N. O.
769,18	5,3	»	769,03	6,8	»	767,36	6,0	»	767,28	6,4	»	766,50	6,8	»	764,87	6,3	»	7,0	2,0	Couvert	O. N. O.

(1) Une observation a été faite à 9ʰ 55ᵐ. Baromètre = 747,13; thermomètre extérieur = 4,7; thermomètre tournant = 3,5.

(2) Cette observation a été faite à 12ʰ 15ᵐ.

(3) Cette observation a eu lieu à 9ʰ 10ᵐ.

Quantité d'eau de pluie recueillie pendant le mois. { Cour ..... 58mm,98 ; Terrasse... 51mm,10

Nota. Les astérisques placés dans la colonne du thermomètre tournant, indiquent que ce thermomètre, qui n'est, jusqu'à nouvel ordre, qu'un thermomètre d'essai, était mouillé par la pluie.

OBSERVATIONS MÉTÉOROLOGIQUES FAITES A L'OBSERVATOIRE DE PARIS. — JANVIER 1855.

JOURS du mois.	9 HEURES DU MATIN. (Temps vrai.)			MIDI. (Temps vrai.)			5 HEURES DU SOIR. (Temps vrai.)			6 HEURES DU SOIR. (Temps vrai.)			9 HEURES DU SOIR. (Temps vrai.)			MINUIT. (Temps vrai.)			THERMOMÈTRE.		ÉTAT DU CIEL A MIDI.	VENTS A MIDI.
	BAROM. à C°.	THERM. extér. fixe et corrig.	THERMOMÈTRE tournant.	BAROM. à 0°.	THERM. extér. fixe et corrig.	THERMOMÈTRE tournant.	BAROM. à 0°.	THERM. extér. fixe et corrig.	THERMOMÈTRE tournant.	BAROM. à 0°.	THERM. extér. fixe et corrig.	THERMOMÈTRE tournant.	BAROM. à 0°.	THERM. extér. fixe et corrig.	THERMOMÈTRE tournant.	BAROM. à 0°.	THERM. extér. fixe et corrig.	THERMOMÈTRE tournant.	MAXIMA.	MINIMA.		
1	761,74	8,5	»	760,36	9,8	»	759,88	10,2	»	759,92	9,6	*9,1	759,76	9,8	9,3	758,92	9,9	9,4	10,4	5,6	Couvert.	O.
2	759,51	9,6	*8,2	759,61	10,0	9,5	760,33	7,4	*6,5	760,79[1]	7,0	*6,4	761,35	7,1	*6,5	761,38	7,2	*6,5	9,9	8,7	Couvert.	O.
3	761,88	8,6	*7,7	762,51	8,8	8,0	762,99	9,2	8,3	763,67	8,4	7,8	764,26	8,0	7,4	764,55	7,6	7,0	9,3	7,7	Couvert.	O. N. O.
4	765,63	6,0	5,8	765,47	8,2	7,5	764,92	8,9	7,8	765,24	7,6	6,9	765,30	7,0	6,5	765,50	6,6	6,0	9,1	5,7	Couvert; brouillard très-léger.	N. O.
5	766,03	6,7	6,1	765,69	8,6	7,8	765,27	8,3	7,5	765,47	7,4	6,5	766,23	7,0	6,6	766,27	6,9	6,6	9,1	4,5	Couvert; éclaircies.	O.
6	768,20	7,1	6,5	768,48	9,2	8,4	768,71	9,6	8,8	769,01	8,1	7,6	770,83	7,4	6,9	770,74	7,0	6,5	9,7	6,6	Couvert.	O. S. O.
7	772,06	6,8	6,2	772,26	7,8	7,0	771,76	8,2	7,5	772,00	7,8	7,5	772,24	7,8	7,3	772,11	7,4	6,8	8,0	6,6	Couvert.	S. O.
8	771,82	6,1	5,3	771,26	5,1	4,4	770,39	4,0	3,2	769,95	3,6	3,0	769,85	3,8	3,0	769,27	3,6	3,0	8,2	5,9	Couvert.	S. E.
9	769,12	1,4	1,0	768,47	4,6	3,4	767,79	4,5	3,5	768,55	4,4	3,6	768,85	4,0	3,4	768,79	4,0	3,5	4,9	1,1	Couvert.	S. E.
10	769,65	5,2	*4,2	769,33	6,3	5,1	769,17	6,1	5,0	769,59	3,8	3,3	769,94	2,0	1,3	769,48	1,0	0,2	6,2	4,2	Quelques nuages; vap.; soleil.	N. E.
11	769,33	—0,2	—0,8	768,52	2,0	1,5	768,28	2,8	2,1	767,94	1,4	1,5	768,25	—0,2	—0,4	768,63	—1,7	—1,2	2,4	—0,7	Beau; soleil; vapeurs.	N. E.
12	»	»	»	769,79	0,1	—0,5	769,70	2,1	1,2	769,68	1,5	1,3	770,44	1,6	1,2	770,25	1,6	1,5	2,3	»	Beau; soleil; vapeurs légères.	N. E.
13[3]	770,23	2,6	2,0	769,25	4,0	3,3	768,17	4,1	3,4	767,93	3,2	2,8	767,35	3,0	2,8	767,07	3,0	2,5	4,7	0,5	Larges éclaircies; soleil.	E. N. E.
14	767,86	1,7	1,2	767,82	3,7	2,8	767,76	3,7	3,0	768,11	1,5	1,1	769,27	0,2	—0,1	769,42	—0,4	—1,3	3,8	1,2	Presq. compl. couv. de stratus.	N.
15	768,52	0,3	—0,1	767,44	1,4	0,4	765,87	2,2	1,7	765,14	2,2	1,7	764,23	2,2	1,6	762,92	1,9	1,5	2,4	—3,1	Couvert; quelq. floc. de neige.	O.
16	759,83	1,3	0,7	758,66	3,0	2,2	757,42	3,6	2,9	756,28	2,6	2,0	755,46	2,0	1,1	754,92	0,6	—0,2	4,0	—0,8	Couvert.	O.
17	756,06	—7,8	—7,7	756,12	—8,2	—8,3	755,91	—6,2	—6,7	756,23	—6,3	—7,0	756,51	—6,7	—7,0	756,49	—7,4	—8,0	4,8	—9,0	Nuages au S.; éclaircies au N.	N. E.
18	757,04	—8,8	—9,3	756,63	—7,4	—7,7	755,57	—6,8	—7,5	756,59	—7,8	—8,5	756,36	—9,2	—8,5	755,91	—10,2	—10,5	—6,6	—9,0	Beau.	E. N. E.
19	755,78	—10,7	—12,2	755,23	—9,6	—10,2	753,68	—7,7	—8,0	753,14	—9,2	*—11,2	753,27	—9,2	—9,7	751,37	—9,4	—9,8	—7,5	—10,9	Beau.	N. O.
20	751,70	—8,9	—8,9	751,27	—9,2	—9,5	750,73	—8,4	—9,0	751,10	—11,4	*—11,2	752,01	—11,8	*—11,7	»	»	»	—8,3	—9,9	Couvert; neige assez abond.	N. O.
21	754,64	—11,5	—11,7	754,64	—7,2	—8,6	754,71	—8,3	—9,0	755,77	—10,4	—10,6	756,60	—11,8	—12,0	756,37	—11,0	—12,2	—7,0	—13,3	Beau; air vaporeux.	N.
22	756,24	—4,2	—4,6	755,90	—1,4	—2,0	756,51	0,5	—0,5	756,86	—0,8	—1,5	757,51	—1,0	—1,6	756,96[1]	—0,4	—0,5	0,9	—12,6	Couvert; neige.	S. E.
23	754,56	0,8	*0,1	753,94	2,0	*1,2	753,43	2,6	*1,8	753,92	1,8	1,2	755,15	0,8	0,5	755,16	—0,1	—0,5	3,8	—1,2	Couvert.	S. O.
24	755,35	—0,4	—1,0	755,75	0,4	—0,3	756,76	—0,8	—1,3	756,96	—3,2	—3,6	756,84	—3,2	—3,5	757,78	—2,8	—3,4	0,3	—1,9	Couvert.	O.
25	758,53	—3,4	—4,0	757,85	2,4	1,0	756,72	2,4	1,2	756,37	1,0	0,4	757,07	—0,2	—0,9	757,22	—1,8	—2,4	3,6	—6,1	Couvert; éclaircies à l'est.	N. O.
26	757,29	—1,8	—2,4	757,16	1,5	0,2	756,72	1,8	0,8	756,70	—0,8	—1,3	756,03	—1,1	—1,8	756,62	—1,8	—2,5	2,2	—2,9	Couvert.	N. N. O.
27	756,37	—5,4	—6,0	755,40	—1,5	—2,2	755,02	—0,1	—1,2	755,08	—3,8	—4,0	755,03	—4,2	—4,6	754,87	—4,4	—5,2	1,5	—6,3	Beau; vapeurs.	N. N. E.
28	755,23	—6,2	—6,8	755,33	—6,6	—7,2	754,77	—4,6	—5,2	754,55	—6,3	—6,5	754,47	—7,4	—8,2	754,14	—7,8	—8,0	—0,3	—7,3	ouvert; brumeux.	N. O.
29	751,74	—11,8	—12,6	751,08	—8,1	—8,7	748,67	—4,8	—5,3	748,01	—5,7	—6,2	746,89	—7,6	—7,9	746,21[1]	—7,4	—7,5	—4,8	—8,2	Beau.	S.
30	748,32	—6,6	—7,3	748,56	—2,9	—4,5	748,25	—2,9	—3,6	747,53	—4,0	—4,2	747,14	—4,2	—4,5	746,18	—4,4	—5,0	—2,4	—11,7	Vapeurs; soleil.	E. N. E.
31	743,13	—0,8	*—1,5	742,19	1,0	*—0,2	740,14	4,1	*2,6	739,12	4,4	*3,6	738,75	5,0	*4,5	741,14	5,2	4,6	5,3	—6,1	Couvert; pluie fine.	S. S. E.

(¹) Observation faite à 6ʰ 10ᵐ du soir. — (²) Cette observation a été faite à minuit moins 10ᵐ. — (³) Cette observation a eu lieu à 10ʰ 40ᵐ. — (⁴) Cette observation a été faite à minuit moins 10ᵐ. — (⁵) Cette observation a eu lieu à minuit moins 10ᵐ.

Quantité de pluie tombée pendant le mois. { Cour.... 28ᵐᵐ,52 / Terrasse... 23ᵐᵐ,48

Nota. Les astérisques placés dans la colonne du thermomètre tournant indiquent que ce thermomètre, qui n'est, jusqu'à nouvel ordre, qu'un thermomètre d'essai, était mouillé par la pluie.

OBSERVATIONS MÉTÉOROLOGIQUES FAITES A L'OBSERVATOIRE DE PARIS. — FÉVRIER 1855.

Jours du mois.	9 HEURES DU MATIN. Temps vrai.			MIDI. Temps vrai.			5 HEURES DE SOIR. Temps vrai.		
	BAROM. à 0°.	THERM. extér. fixe et corrig.	THERMOMÈTRE tournant.	BAROM. à 0°.	THERM. extér. fixe et corrig.	THERMOMÈTRE tournant.	BAROM. à 0°.	THERM. extér. fixe et corrig.	THERMOMÈTRE tournant.
1	750,72	0,8	0,0	752,77	0,2	—0,5	750,73	—0,2	—0,8
2	754,93	—3,4	—4,5	753,38	—0,8	—1,2	752,63	0,8	—*0,3
3	747,14	3,8	3,5	747,43	8,7	7,4	746,95	11,6	9,8
4	743,15	5,9	5,4	742,61	7,0	6,4	741,06	8,6	10,2
5	741,84	4,4	4,0	740,72	6,8	5,5	741,19	7,1	6,2
6	741,02	2,8	*2,0	741,25	5,3	»	741,51	6,3	6,2
7	748,32	2,1	*2,0	748,97	3,5	3,5	749,11	3,8	3,4
8	748,56	2,4	1,5	747,17	5,6	5,5	746,40	7,9	7,7
9	750,66	0,9	1,0	750,33	1,1	1,0	750,16	0,6	0,6
10	751,46	—2,1	—2,0	751,06	—2,0	—1,7	751,01	—1,8	—1,8
11	745,00	—1,6	—3,0	743,69	—1,4	—1,7	741,68	—0,9	—1,0
12	739,11	—2,7	—3,0	739,44	—1,9	—1,8	740,06	—0,8	—6,6
13	739,81	—5,5	—5,5	738,36	—3,0	—3,8	736,68	—3,2	—2,8
14	733,65	—6,7	—6,5	735,68	—5,5	—5,4	736,57	—3,9	—3,0
15	749,94	—3,4	—4,0	751,31	—1,3	—2,0	753,34	—0,9	—1,2
16	755,89	—8,2	—7,5	753,84	—4,9	—5,5	751,49	—5,0	—5,0
17	749,72	—7,7	—8,0	750,14	—5,1	—5,5	750,33	—3,4	—3,8
18	755,22	—8,4	—7,7	755,71	—6,3	—6,0	754,83	—5,0	—5,0
19	755,59	—7,0	—7,2	754,91	—3,2	—3,3	753,08	—2,2	—2,1
20	745,52	—5,6	—5,5*	745,54	—3,9	—4,5	746,24	—3,4	—3,6*
21	754,56	—6,6	—6,3	754,97	—3,2	—3,3	755,08	—2,8	—3,0
22	756,06	—6,6	—6	756,15	2,9	1,0	755,93	3,1	1,0
23	755,76	—0,1	*0,0	755,37	0,4	0,5	755,25	1,9	»
24	759,80	1,8	2,0	759,19	3,5	3,4	757,46	2,8	2,5
25	747,51	5,4	5,3	747,60	6,5	6,3	746,43	7,9	7,4
26	745,81	7,6	*7,5	746,58	9,8	*9,5	744,04	9,6	*9,0
27	754,05	3,5	3,5*	753,53	4,4	4,0	752,68	5,0	4,9
28	753,70	6,7	6,5*	753,68	9,4	8,6	754,21	9,2	9,3

Jours du mois.	6 HEURES DU SOIR. Temps vrai.			9 HEURES DU SOIR. Temps vrai.			MINUIT. Temps vrai.		
	BAROM. à 0°.	THERM. extér. fixe et corrig.	THERMOMÈTRE tournant.	BAROM. à 0°.	THERM. extér. fixe et corrig.	THERMOMÈTRE tournant.	BAROM. à 0°.	THERM. extér. fixe et corrig.	THERMOMÈTRE tournant.
1	754,56	—1,6	—2,3	755,43	—3,2	—3,6	756,45	—7,0	—7,5
2	751,44	0,8	0,4	750,40	1,4	0,8	743,57	1,8	1,1
3	746,76	7,8	7,7	746,60	6,8	6,5	745,76	7,0	6,5
4	740,87	6,0	5,3	741,66	5,8	5,3	741,67	5,2	*4,5
5	741,43	5,6	4,6	741,02	4,6	4,5	740,87	4,0	3,7
6	742,27	5,6	6,0	743,18	4,4	4,5	744,51	2,0	1,7
7	750,09	2,0	2,4	750,17	1,0	1,8	750,36	0,7	1,0
8	746,84	5,4	5,5	747,68	3,4	3,9	749,01	1,7	2,0
9	750,58	0,0	0,3	750,64	0,2	0,1	750,91	—0,6	0,0
10	750,40	—2,5	—3,0	749,65	—3,0	—1,5	748,72	—2,4	—2,2
11	740,97	—1,1	—0,8	740,47	—0,8	—0,5	738,84	—1,7	—1,5
12	740,72	—2,2	—3,0	741,85	—4,2	—4,0	741,59	—4,8	—4,2
13	735,73	—3,8	—3,5	735,52	—6,0	—5,5	734,47	—6,1	—5,5
14	739,59	—3,0	—3,5	741,96	—4,0	—4,0	743,80	—5,8	—5,9
15	754,61	—3,2	—2,7	756,83	—4,7	—4,5	756,87	—7,0	—6,9
16	749,39	—5,8	—5,5	747,71	—5,7	—5,5	746,01	—5,6	—5,5
17	751,54	—5,8	—5,6	752,37	—7,6	—7,5	752,71	—8,8	—8,5
18	754,66	—6,0	—5,8	754,47	—7,1	—6,8	754,97	—8,9	—8,5
19	752,38	—2,9	—2,5	750,96	—4,4	—4,4	749,98	—4,8	—5,0
20	746,90	—3,4	—3,3	748,44	—2,5	—2,4*	749,75	—5,4	—5,2
21	755,15	—3,5	—3,4	755,39	—3,4	—3,5	755,35	—3,1	—2,8
22	756,15	0,9	1,2	756,48	0,3	0,0	756,46	0,2	0,1
23	756,27	1,6	2,5	757,41	1,4	1,8	758,52	1,0	1,2
24	755,59	1,4	2,1	754,50	1,8	1,5	751,34	1,9	1,5*
25	745,76	6,8	6,4	746,05	6,3	*6,4	744,82	6,5	6,3
26	747,92	8,4	*8,6	749,54	8,0	8,0	750,12	7,2	7,4
27	751,84	4,6	4,9	750,96	4,6	4,5*	750,37	5,1	5,3*
28	755,20	8,6	8,7	756,23	8,4	8,5	756,17	6,7	7,0

Jours du mois.	THERMOMÈTRE.		ÉTAT DU CIEL A MIDI.	VENTS A MIDI.
	MAXIMA.	MINIMA.		
1	1,1	0,6	Couvert ; nuageux..........	O. N. O. frais.
2	»	—7,1	Couvert.............	E.
3	12,5	—2,5	Nuageux ; soleil ; beau au zénith.	S. E.
4	10,1	4,7	Couvert.............	S. S. E.
5	10,3	3,7	Couvert.............	S. S. O.
6	6,1	2,3	Couvert ; brouillard très-léger.	S. S. E.
7	6,8	1,8	Couvert ; brouillard très-léger.	S.
8	8,0	1,6	Très-nuageux........	N. E.
9	1,5	0,7	Couvert.............	N. E.
10	—1,5	—2,3	Couvert.............	N. N. E.
11	—0,6	—3,0	Couvert.............	N.
12	0,3	—2,8	Couvert ; neige.......	N. N. O.
13	—2,9	—5,7	Éclaircies..........	N. fort.
14	—2,8	—7,0	Couvert ; neige.......	N. fort.
15	—0,2	—5,9	Couvert ; éclaircies au nord....	O. ¼ N. O.
16	—4,5	—10,3	Couvert	E.
17	—3,3	—8,5	Quelques éclaircies.	N.
18	—2,8	—10,3	Couvert.............	E. N. E.
19	—2,1	—9,9	Couvert.............	N. N. E.
20	—3,4	—9,2	Couvert.............	N. N. E. mod.
21	—2,0	—9,8	Découvert ; vapeurs.........	N. O.
22	4,2	—5,6	Couvert.............	S. S. O. calme.
23	2,4	—0,3	Couvert ; vapeurs.....	E. S. E. calme.
24	4,4	0,9	Couvert.............	S.
25	8,3	1,3	Couvert.............	S. modéré.
26	10,2	5,4	Couvert ; pluie légère....	S. O.
27	5,1	3,4	Couvert.............	O. N. O. calme.
28	9,4	6,1	Couvert.............	S. S. O. calme.

(¹) Cette observation a été faite à 10 heures du soir.

Quantité de pluie en millimètres tombée pendant le mois. { Cour ..... 36ᵐᵐ,45 / Terrasse... 33ᵐᵐ,08

Nota. Les astérisques placés dans la colonne du thermomètre tournant indiquent que ce thermomètre, qui n'est, jusqu'à nouvel ordre, qu'un thermomètre d'essai, était mouillé par la pluie.

OBSERVATIONS MÉTÉOROLOGIQUES FAITES A L'OBSERVATOIRE DE PARIS. — MARS 1855.

The time-group columns (9 heures du matin, Midi, 3 heures du soir, 6 heures du soir, 9 heures du soir, Minuit) are all "Temps vrai"; each gives BAROM. à 0°, THERM. extér. fixe et corrig., and THERMOMÈTRE tournant.

Jour du mois	9h matin Bar. à 0°	9h matin Therm. ext.	9h matin Therm. tourn.	Midi Bar. à 0°	Midi Therm. ext.	Midi Therm. tourn.	3h soir Bar. à 0°	3h soir Therm. ext.	3h soir Therm. tourn.	6h soir Bar. à 0°	6h soir Therm. ext.	6h soir Therm. tourn.	9h soir Bar. à 0°	9h soir Therm. ext.	9h soir Therm. tourn.	Minuit Bar. à 0°	Minuit Therm. ext.	Minuit Therm. tourn.	Maxima	Minima	État du ciel à midi	Vents à midi
1	753,96	6,2	6,2	752,28	6,8	6,3	750,88	8,6	8,1	752,31	8,2	8,2	754,23	6,1	6,1	754,21	6,0	6,0	8,9	4,8	Couvert; ondées vers 11 heures.	S. S. O. fort.
2	747,93	9,2	*9,2	746,64	11,3	*10,5	744,80	12,0	11,8	742,35	10,3	10,2	740,34	10,3	*10,0	740,17	7,3	7,2	13,1	5,3	Couvert; pluie fine...........	S. O. fort.
3	738,42	8,6	8,5	738,87	10,6	10,0	740,27	9,3	8,5	742,88	8,4	8,5	745,75	6,0	5,9	747,55	3,9	4,2	11,7	6,5	Nuageux au N ; beau soleil au S.	S. O. fort.
4	750,71	5,9	4,9	750,86	8,4	8,3	749,73	10,4	9,5	749,31	6,1	6,7	749,60	4,1	4,2	749,19	3,2	3,8	10,0	2,2	Très-nuageux.	S. O. faible.
5	749,82	4,6	4,1	749,86	8,3	8,5	749,33	9,7	9,5	749,94	8,6	8,6	750,92	6,8	*6,7	751,20	6,4	6,7	10,2	2,1	Beau; quelques nuages	E. S. E. assez f.
6	753,42	»	6,5	753,73	9,4	9,7	753,50	10,4	10,3	753,87	8,8	8,0	754,47	4,6	5,4	753,84	3,2	3,7	11,1	4,4	Beau; quelques nuages.......	O. N. O. faible.
7	752,62	3,4	4,0	752,17	5,8	5,5	751,44	7,8	7,7	752,24	6,0	5,7	753,14	3,3	3,5	753,68	2,0	2,4	7,9	0,3	Demi-couvert; vapeurs; soleil.	E. N. E. faible.
8	756,60	0,4	0,6	757,46	3,6	3,5	757,11	3,8	3,9	757,71	1,8	2,2	758,70	0,5	0,9	758,15	—0,8	—0,5	4,0	0,4	Nuageux; éclaircies...........	N. N. O. assez f.
9	758,21	—0,5	—0,4	758,05	—0,2	0,0	757,06	0,2	0,1	756,35	0,0	0,0	756,05	0,0	—0,5	755,55	—1,0	—0,6	0,6	—1,1	Couvert; quelq. floc. de neige.	N. assez fort.
10	754,44	—0,1	0,1	753,76	2,9	2,5	752,39	3,4	3,3	751,98	2,5	2,6	751,87	0,6	0,5	751,23	0,2	0,2	4,0	—2,6	Beau; quelques nuages.......	S. S. O. faible.
11	748,46	1,2	1,1	748,15	3,2	3,0	746,75	3,2	3,4	745,43	2,2	2,4	744,13	1,4	1,4	742,15	0,8	0,8	3,5	—0,1	Couvert....................	O. S. O. faible.
12	733,85	6,2	*6,0	732,15	8,5	8,5	732,85	3,6	*3,8	732,79	5,6	5,5	733,27	5,6	5,5	734,55	4,6	4,2	8,2	0,6	Nuages; éclaircies.	N. O. fort.
13	739,71	4,8	5,9	740,52	6,3	6,5	740,74	6,8	7,0	742,45	4,7	4,6	744,58	2,6	2,6	745,97	2,2	2,5	7,4	3,4	Couvert....................	O. S. O. assez f.
14	749,50	4,6	4,5	749,48	7,4	7,5	748,62	7,5	7,5	749,04	4,7	*3,5	748,86	3,2	*3,0	749,33	3,1	3,0	8,5	1,8	Nuageux; éclaircies.	O. faible
15	752,57	4,6	4,5	753,11	6,8	6,8	752,51	7,8	7,9	752,49	7,0	7,1	751,92	6,3	6,5	750,05	5,8	*5,6	8,2	3,4	Couvert....................	S. E. faible.
16	750,31	8,6	8,7	751,89	10,7	11,0	752,24	12,0	11,7	753,38	9,3	9,4	754,32	7,0	7,3	754,26	4,4	5,0	13,0	5,8	Nuageux....................	N. O. faible.
17	753,52	6,8	7,2	752,23	11,8	11,5	750,30	12,9	12,5	749,03	10,4	10,5	747,81	9,8	*9,8	749,61	6,0	*5,4	13,6	2,2	Couvert....................	S. S. O. as. faib.
18	755,55	7,0	7,0	756,16	9,0	8,8	755,86	10,8	10,7	755,84	9,2	9,5	756,41	7,6	8,1	756,93	7,4	7,5	11,0	3,6	Très-nuageux....	O. assez faible.
19	758,28	9,3	9,5	758,40	12,0	12,0	757,82	13,2	13,2	757,52	11,2	10,8	757,41	7,1	8,2	756,88	5,2	5,4	13,4	7,3	Nuageux....................	O. faible.
20	753,54	7,1	6,9	751,50	12,5	12,6	749,16	13,7	14,0	747,17	12,1	12,1	746,07	9,8	9,9	743,86	8,6	8,8	13,8	1,0	Beau; soleil; quelq. nuag. au N.	S. E. faible.
21	738,15	9,0	8,5	736,39	12,5	12,6	734,18	15,0	15,0	732,96	13,7	13,5	732,03	10,7	10,8	731,80	9,0	*9,0	15,8	6,9	Très-nuageux; cirro-stratus..	E. faible.
22	727,03	8,5	*8,1	726,08	11,0	10,3	726,66	9,3	*8,2	726,60	9,2	*8,9	726,48	8,0	8,3	727,08	6,8	6,7	12,1	6,7	Couvert....................	S. S. E. calme.
23	731,34	4,3	4,4	732,77	6,9	7,0	733,90	6,6	6,7	735,60	5,1	5,3	736,80	5,0	5,0	736,52	4,5	4,5	7,4	3,7	Couvert....................	O. N. O. faible.
24	737,21	4,1	*4,0	736,57	5,2	*4,4	734,70	7,0	7,4	733,51	6,3	6,4	734,75	4,0	*4,0	734,40	2,0	*1,7	7,4	3,1	Couvert; pluie..............	N. E. faible.
25	738,30	—0,4	—0,5	740,26	0,2	0,3	741,76	1,0	1,1	743,65	1,2	1,4	744,85	0,8	*1,3	745,08	0,5	0,9	1,6	—0,7	Couvert....................	N. N. E. assez f.
26	746,17	0,0	0,3	746,59	0,4	0,5	747,52	0,6	*0,6	748,08	0,6	0,5	749,02	0,2	0,6	749,73	0,1	0,3	0,6	—0,6	Couvert....................	N. faible.
27	752,94	0,5	1,6	753,74	4,0	4,3	754,51	6,1	6,2	755,60	5,6	5,5	756,74	3,8	4,5	757,46	2,6	2,8	6,6	—0,5	Nuageux ; rares éclaircies.....	N. O. faible.
28	760,10	4,6	4,2	760,32	6,9	6,9	760,78	5,0	5,1	761,22	5,4	5,4	736,16	3,6	4,0	762,39	2,8	3,5	7,9	0,1	Couvert; temps brumeux.	N. E. faible.
29	765,31	2,8	3,0	765,37	5,4	5,0	764,74	5,6	5,8	765,15	3,7	3,5	766,68	1,9	2,2	766,66	0,9	0,9	5,9	1,9	Nuageux....................	N. N. E. fort.
30	767,06	8,2	2,5	766,80	4,0	4,2	766,04	5,1	5,0	766,15	3,7	3,7	766,42	1,8	2,0	765,70	1,2	1,3	5,3	0,9	Très-nuageux..............	N. N. E. assez f.
31	765,0	3,5	3,4	763,83	6,4	6,3	762,90	6,6	6,5	763,03	5,5	5,6	763,47	0,3	3,5	762,54	1,8	1,7	6,9	0,4	Très-nuageux	N. N. E. fort.

Quantité de pluie en millimètres tombée pendant le mois. { Cour ..... 44mm,77 / Terrasse... 36mm,64 }

Nota. Les astérisques placés dans la colonne du thermomètre tournant indiquent que ce thermomètre, qui n'est, jusqu'à nouvel ordre, qu'un thermomètre d'essai, était mouillé par la pluie.

OBSERVATIONS MÉTÉOROLOGIQUES FAITES A L'OBSERVATOIRE DE PARIS. — AVRIL 1855.

JOURS du mois	9 HEURES DU MATIN (Temps vrai)			MIDI (Temps vrai)			3 HEURES DU SOIR (Temps vrai)			6 HEURES DU SOIR (Temps vrai)			9 HEURES DU SOIR (Temps vrai)			MINUIT (Temps vrai)			THERMOMÈTRE		ÉTAT DU CIEL A MIDI.	VENTS A MIDI.
	BAROM. à 0°.	THERM. extér. fixe et corrig.	THERMOMÈTRE tournant.	BAROM. à 0°.	THERM. extér. fixe et corrig.	THERMOMÈTRE tournant.	BAROM. à 0°.	THERM. extér. fixe et corrig.	THERMOMÈTRE tournant.	BAROM. à 0°.	THERM. extér. fixe et corrig.	THERMOMÈTRE tournant.	BAROM. à 0°.	THERM. extér. fixe et corrig.	THERMOMÈTRE tournant.	BAROM. à 0°.	THERM. extér. fixe et corrig.	THERMOMÈTRE tournant.	MAXIMA.	MINIMA.		
1	761,56	4,0	4,1	760,76	6,6	6,8	760,74	8,1	7,9	760,50	6,4	6,5	760,70	4,8	5,0	760,51	3,5	3,2	8,2	—0,8	Quelques nuages.	N. assez fort.
2	760,72	3,8	3,5	760,15	5,6	5,5	758,69	7,0	7,2	758,63	5,8	5,6	758,30	2,6	3,0	757,27	0,4	1,0	7,2	0,3	Nuages; éclaircies.	N. E. faible.
3	754,76	4,0	*4,0	753,41	9,8	9,5	754,46	13,6	13,0	751,05	10,0	9,8	751,05	6,1	6,4	750,71	4,4	4,3	13,0	—0,6	Très-nuageux.	S. S. E. faible.
4	748,87	6,3	6,0	748,54	7,0	6,7	748,03	7,9	8,0	749,21	7,5	7,5	751,07	5,6	6,3	752,12	4,8	4,7	9,1	4,0	Couvert.	S. O. faible.
5	756,74	3,5	3,4	756,92	5,4	5,1	755,82	6,7	6,5	757,85	6,2	6,2	759,07	4,2	4,4	759,56	2,7	2,8	6,9	2,2	Couvert; quelques éclaircies.	N. O. très-fort.
6	762,23	5,0	5,0	761,16	9,6	9,5	760,52	12,9	12,6	760,75	12,7	12,5	761,47	9,5	9,4	761,75	6,2	6,4	12,8	0,3	Beau.	N. E. faible.
7	761,18	8,8	9,0	760,12	13,3	13,8	755,14	15,0	*9,4	759,12	14,1	14,0	758,94	11,0	*10,6	758,49	8,4	8,3	15,8	4,9	Éclaircies.	N. O. faible.
8	760,09	8,4	8,5	760,32	10,2	10,3	760,03	10,4	10,5	760,33	8,8	8,8	759,75	7,4	7,8	759,37	7,0	7,1	10,6	5,2	Très-nuageux.	O. N. O. fort.
9	756,57	7,4	7,5	754,88	9,8	9,4	752,92	11,5	11,3	750,81	10,3	10,2	749,34	9,3	*8,8	747,65	9,8	9,4	12,0	5,3	Couvert.	O. faible.
10	744,38	10,4	10,5	743,90	10,2	10,5	741,98	10,9	10,9	743,12	9,4	9,4	743,37	6,0	6,3	741,13	5,4	4,5	11,9	8,2	Couvert; quelques éclaircies.	O. fort.
11	745,96	7,6	7,4	747,14	8,6	8,5	746,44	10,2	9,8	750,03	9,1	9,0	750,26	7,8	8,0	749,40	6,2	*6,4	10,8	3,8	Couvert.	O. fort.
12	749,37	10,6	*10,5	749,71	13,6	13,4	749,89	14,6	14,5	750,42	14,0	14,0	750,41	11,3	*11,0	750,35	10,6	10,5	14,9	6,0	Couvert.	O. faible.
13	748,95	13,3	14,0	747,44	15,3	15,5	747,80	15,6	*15,8	747,72	13,5	14,6	748,73	11,9	13,4	749,89	11,9	12,0	17,6	8,4	Couvert.	S. E. faible.
14	753,95	11,8	12,0	755,23	14,7	14,0	755,05	16,1	15,6	757,07	15,8	16,6	759,43	12,9	13,0	760,36	9,0	9,3	16,9	8,7	Couvert.	N. faible.
15	763,49	10,8	10,8	763,40	16,0	16,2	762,94	17,6	17,0	763,41	16,3	15,5	763,98	12,9	12,8	764,62	10,2	10,0	18,2	6,6	Beau; vaporeux.	O. N. O. faible.
16	765,00	8,6	8,5	764,10	12,6	13,4	763,75	17,8	18,6	761,98	19,4	19,4	764,31	15,7	16,0	762,58	13,7	13,8	17,9	6,9	Beau; vapeurs.	N. N. E. faible.
17	762,98	16,5	17,5	764,69	20,2	20,5	760,93	22,3	22,5	760,12	21,0	21,0	761,50	15,9	16,4	761,68	12,3	12,5	22,6	11,0	Beau.	N. faible.
18	762,53	11,3	12,2	761,53	16,9	17,0	761,44	19,1	19,3	759,66	18,7	19,0	760,16	13,9	13,8	759,74	10,6	11,0	22,3	8,0	Beau.	N. N. E. assez f.
19	758,41	15,4	14,5	757,15	19,1	19,4	755,79	21,0	21,6	755,37	21,3	21,6	755,71	16,8	17,0	756,27	13,7	13,9	24,7	9,5	Beau.	N. E. assez fort.
20	758,71	12,8	13,5	759,32	16,2	16,5	759,24	16,7	17,0	760,43	14,3	14,5	762,96	9,2	9,2	764,96	6,0	6,5	»	9,4	Beau.	N. E. fort.
21	766,31	6,6	6,5	766,32	9,5	9,5	765,65	10,8	10,8	765,84	9,3	9,2	766,79	5,7	6,0	767,58	3,4	3,7	11,7	4,8	Beau.	N. E. fort.
22	766,98	4,9	5,7	766,10	8,9	8,7	765,20	11,5	11,5	765,19	11,2	11,2	766,04	7,1	7,0	766,30	5,3	5,6	11,6	1,2	Beau.	N. N. E. très-f.
23	766,82	7,8	8,2	765,98	10,1	10,3	764,59	11,7	13,0	764,22	11,0	11,0	764,44	7,8	8,0	764,56	5,3	6,0	12,0	2,0	Beau.	N. E. fort.
24	763,93	8,2	8,5	762,41	13,1	13,2	762,73	14,9	15,5	760,06	13,2	13,3	759,39	10,8	11,2	758,03	8,8	9,4	15,7	2,7	Beau; vapeurs.	N. fort.
25	757,45	6,0	5,8	755,67	10,3	10,6	754,26	11,5	11,5	756,50	11,2	11,0	758,45	7,8	8,5	758,96	5,3	5,4	12,5	5,7	Nuages; larges éclaircies.	N. assez fort.
26	760,83	7,6	7,5	761,08	9,5	9,6	761,27	11,3	11,4	760,23	11,5	11,4	761,00	9,8	10,0	761,26	6,8	7,2	11,8	4,3	Nuageux.	N. assez fort.
27	761,38	8,2	8,5	760,55	12,0	11,6	759,87	12,3	12,5	759,46	11,7	11,6	760,08	9,9	10,2	759,71	8,4	8,7	13,1	4,7	Nuageux; cumulus.	N. faible.
28	759,15	10,2	10,5	757,89	11,9	11,9	755,89	12,3	12,5	756,93	11,9	11,8	757,93	10,1	10,5	758,63	8,5	8,9	12,5	5,6	Couvert.	N. O. faible.
29	759,51	6,8	7,3	758,74	9,9	10,2	758,39	11,1	11,9	758,60	9,2	9,4	759,13	6,4	*6,3	758,84	5,1	5,0	11,6	4,7	Éclaircies.	N. O. faible.
30	759,59	8,9	9,5	758,80	12,6	12,5	753,07	14,7	14,6	757,76	13,0	12,5	758,41	11,0	11,2	758,24	7,9	8,0	15,7	4,1	Nuages; quelques éclaircies.	N. assez fort.

(*) Cette observation a été faite à 6h 20m.

Quantité de pluie en millimètres tombée pendant le mois. { Cour ..... 9mm,11 / Terrasse... 8mm,18

Nota. Les astérisques placés dans la colonne du thermomètre tournant indiquent que ce thermomètre, qui n'est, jusqu'à nouvel ordre, qu'un thermomètre d'essai, était mouillé par la pluie.

Jours du mois	9 heures du matin (Temps vrai)			Midi (Temps vrai)			3 heures du soir (Temps vrai)			6 heures du soir (Temps vrai)			9 heures du soir (Temps vrai)			Minuit (Temps vrai)			Thermomètre		État du ciel à midi	Vents à midi
	Barom. à 0°	Therm. extér. fixe et corrig.	Thermomètre tournant	Barom. à 0°	Therm. extér. fixe et corrig.	Thermomètre tournant	Barom. à 0°	Therm. extér. fixe et corrig.	Thermomètre tournant	Barom. à 0°	Therm. extér. fixe et corrig.	Thermomètre tournant	Barom. à 0°	Therm. extér. fixe et corrig.	Thermomètre tournant	Barom. à 0°	Therm. extér. fixe et corrig.	Thermomètre tournant	Maxima	Minima		
1	756,92	4,6	5,0	755,95	7,6	8,0	754,24	11,4	11,5	754,02	13,0	12,5	753,79	10,6	11,0	753,62	9,6	9,6	15,3	3,5	Couvert; nimbus	N. E. faible.
2	754,13	10,4	11,0	753,77	13,5	14,0	751,95	14,9	15,0	750,88	14,5	14,5	750,88	12,4	13,0	750,47	11,2	11,8	16,3	7,7	Nuages; larges éclaircies	N. E. assez fort.
3	748,08	16,3	15,5	746,98	18,7	17,8	745,28	17,2	17,3	744,64	16,0	16,0	744,84	12,9	13,0	743,78	10,8	11,0	19,8	8,2	Beau; nuages	E. assez fort.
4	743,52	10,2	*10,0	744,91	10,2	10,5	746,41	8,4	9,0	747,49	7,2	7,3	748,21	6,0	6,4	748,64	5,5	5,9	15,4	9,3	Couvert	N. N. O. fort.
5	749,82	5,2	5,2	750,63	7,0	7,4	751,26	8,1	8,0	752,56	8,7	8,8	754,86	7,6	8,0	755,86	6,0	6,3	12,0	5,1	Couvert	N. N. O. fort
6	759,60	8,6	9,3	759,35	10,8	13,0	759,28	13,6	13,8	759,71	12,5	12,5	760,29	10,5	10,6	760,45	9,6	9,8	13,9	2,0	Beau; cumulus	N. O. faible.
7	760,41	11,7	11,5	759,64	13,0	12,5	758,20	13,7	13,6	757,31	12,3	12,3	756,38	11,2	11,3	754,95	9,2	9,4	13,7	7,6	Couvert	O. faible
8	752,25	11,1	*11,0	753,16	9,9	10,2	753,25	10,8	10,7	754,88	9,8	9,8	756,62	7,0	6,8	757,20	4,5	4,7	13,1	8,5	Couvert	S. O. assez fort.
9	759,09	10,5	9,5	758,51	12,5	12,4	757,20	13,0	13,5	756,36	13,7	12,7	755,84	11,1	11,5	753,29	10,1	10,9	15,0	4,2	Beau; nuages et vapeurs	O. assez fort.
10	750,01	12,7	12,6	750,49	11,8	*11,0	749,90	15,0	15,7	750,06	14,1	14,0	749,31	11,7	12,1	747,83	10,2	*9,8	16,3	8,8	Couvert; pluie	O. très-fort.
11	745,44	10,8	10,8	745,96	12,6	*12,5	745,89	12,2	*11,5	745,59	11,1	10,8	745,31	8,1	*8,0	745,88	7,8	*7,6	15,6	7,8	Couv.; quelq. gouttes de pluie	S. O. très-fort
12	751,03	7,7	8,0	752,74	9,2	8,5	753,28	10,4	10,4	754,15	9,1	9,0	755,25	6,1	6,3	755,37	3,7	4,1	10,8	5,7	Couvert; id. id	O. assez fort.
13	751,77	8,5	8,9	748,19	11,0	11,8	744,79	9,3	*9,4	741,49	8,3	*8,4	741,21	7,0	7,3	741,13	6,8	*7,0	11,7	2,4	Couvert	S. S. E. ass. fort
14	744,55	8,4	*7,4	745,89	8,6	*8,0	747,52	8,8	8,6	747,76	7,6	7,7	748,35	6,3	*6,4	747,56	6,1	6,2	9,8	6,4	Couvert; pluie fine	O. assez fort.
15	744,57	6,7	*6,7	743,82	8,7	8,7	743,28	9,8	9,6	743,35	9,8	9,8	744,21	7,7	7,8	744,42	7,0	7,0	10,7	5,4	Couvert	N. O. faible.
16	746,79	8,4	8,7	747,53	10,1	*9,6	748,85	9,5	*8,5	749,65	10,7	10,8	751,60	8,4	8,6	753,21	6,4	6,5	10,8	6,3	Couv.; quelq. gouttes de pluie	N. O. assez fort.
17	755,90	10,2	10,5	756,17	10,8	11,2	757,25	12,2	12,0	757,64	11,3	11,3	758,81	8,3	8,7	759,77	5,6	6,2	12,2	3,5	Couvert; quelques éclaircies	N. O. faible.
18	761,57	12,7	12,0	761,52	14,6	14,2	761,36	14,8	14,2	760,93	13,9	13,5	761,32	8,9	9,5	761,32	7,8	8,0	16,3	3,9	Beau; nuages	O. faible.
19	760,09	15,3	15,5	757,91	16,0	15,4	757,21	17,1	17,0	756,17	15,9	15,7	755,54	13,5	13,3	754,09	11,6	11,5	18,1	4,4	Beau; quelques nuages	S. E. faible
20	752,10	15,2	15,9	751,25	17,7	17,8	750,60	19,4	18,4	750,04	15,8	15,2	750,85	11,7	*12,0	750,03	12,1	12,5	19,7	8,9	Couvert; quelques éclaircies	S. E. faible.
21	750,49	13,6	13,7	750,20	15,3	15,5	750,24	15,2	15,5	750,83	13,9	13,5	751,48	12,0	*11,4	751,30	11,0	*10,5	16,5	10,7	Couvert	N. E. assez fort.
22	751,75	10,3	*9,8	752,16	11,2	*10,7	752,25	11,6	*11,0	753,88	10,6	*10,1	755,69	9,0	*9,2	755,69	9,3	9,3	14,4	8,9	Couvert; pluie	N. O. faible.
23	756,19	12,0	11,5	755,77	14,5	14,4	754,29	15,6	16,4	754,41	13,6	12,5	754,50	11,3	11,9	754,20	10,6	11,0	16,7	8,7	Couvert	S. O. faible.
24	754,18	15,7	16,0	753,33	18,5	19,0	752,82	19,5	19,5	752,60	17,8	17,5	753,56	15,4	16,0	753,91	14,5	14,9	19,8	7,7	Voilé	S. S. E. faible.
25	753,33	19,9	19,6	753,29	21,3	21,4	752,87	23,3	24,0	752,83	23,7	23,9	753,78	19,3	20,1	753,58	16,4	16,0	23,6	13,5	Couvert; quelques éclaircies	S. E. assez fort.
26	753,16	21,9	22,4	751,96	24,6	25,0	750,87	25,6	25,5	749,91	24,9	24,7	749,81	20,6	21,2	749,36	18,5	18,5	30,0	13,7	Beau; nuageux	S. E. assez fort.
27	749,41	21,5	21,0	748,91	24,7	23,0	748,28	23,5	21,5	749,81	15,3	14,3	751,71	12,7	*13,0	752,30	11,4	11,4	26,9	14,5	Couvert; éclaircies	S. E. faible.
28	753,73	14,8	14,5	753,74	17,2	16,1	753,18	18,7	17,6	752,80	17,7	17,5	753,64	14,4	14,6	753,50	11,9	11,7	19,6	12,6	Couvert	O. faible.
29	753,17	10,7	10,7	753,13	10,8	10,5	752,14	15,6	15,0	751,55	12,0	13,0	752,40	9,3	9,7	752,62	8,0	8,3	16,1	8,3	Couvert	N. O. faible.
30	752,55	9,5	*10,0	751,95	11,6	11,7	751,69	12,4	12,5	749,98	10,4	*10,4	749,27	8,5	8,7	746,99	7,8	*7,5	12,7	6,9	Couvert	N. O. assez fort
31	741,80	10,8	*11,0	742,13	13,6	*13,0	744,54	13,1	*13,5	747,35	11,9	14,3	749,84	10,7	11,0	751,39	9,7	9,5	15,3	7,1	Couvert; pluie abondante	S. S. E. assez f.

(¹) Cette observation a été faite à 4ʰ 30ᵐ. — (²) Observation faite à 6ʰ 15ᵐ.

Quantité de pluie en millimètres tombée pendant le mois. { Cour ..... 89 mm,62 / Terrasse ... 74 mm,85

Nota. Les astérisques placés dans la colonne du thermomètre tournant indiquent que ce thermomètre, qui n'est, jusqu'à nouvel ordre, qu'un thermomètre d'essai, était mouillé par la pluie.

OBSERVATIONS MÉTÉOROLOGIQUES FAITES A L'OBSERVATOIRE DE PARIS. — JUIN 1855.

Jours du mois	9 HEURES DU MATIN. Temps vrai. BAROM. à 0°.	THERM. extér. fixe et corrig.	THERMOMÈTRE tournant.	MIDI. Temps vrai. BAROM. à 0°.	THERM. extér. fixe et corrig.	THERMOMÈTRE tournant.	3 HEURES DU SOIR. Temps vrai. BAROM. à 0°.	THERM. extér. fixe et corrig.	THERMOMÈTRE tournant.	6 HEURES DU SOIR. Temps vrai. BAROM. à 0°.	THERM. extér. fixe et corrig.	THERMOMÈTRE tournant.	9 HEURES DU SOIR. Temps vrai. BAROM. à 0°.	THERM. extér. fixe et corrig.	THERMOMÈTRE tournant.	MINUIT. Temps vrai. BAROM. à 0°.	THERM. extér. fixe et corrig.	THERMOMÈTRE tournant.	THERMOMÈTRE MAXIMA.	MINIMA.	ÉTAT DU CIEL A MIDI.	VENTS A MIDI.
1	755,66	11,4	11,5	755,95	15,2	14,7	755,73	16,1	16,3	756,15	16,0	16,6	756,74	13,7	14,0	757,76	11,3	11,5	18,2	9,3	Nuageux; cumulus; éclaircies.	S.S.O. ass. fort.
2	755,46	15,5	16,5	754,26	18,3	19,0	753,19	19,7	19,7	753,68	16,5	16,7	754,30	12,0	12,3	754,52	9,8	10,0	19,8	9,1	Beau; nuages et vapeurs......	N. O. fort
3	755,72	8,6	*8,2	756,40	10,9	*10,9	756,23	15,3	14,5	756,37	14,5	14,5	757,18	12,0	12,1	757,40	11,3	11,6	14,7	8,6	Couvert, pluvieux; humide...	N. O. faible.
4	758,03	13,5	13,5	757,90	16,5	17,0	757,73	18,8	18,7	757,84	16,1	16,5	758,36	14,4	14,7	758,15	12,3	13,0	18,6	10,6	Nuageux; éclaircies; ☉......	S. S. O. faible.
5	757,72	21,3	21,8	756,70	23,2	23,4	755,56	24,5	24,5	754,44	26,5	23,2	754,97	19,7	19,8	754,84	16,4	16,5	24,7	10,3	Beau; quelques nuages.	S. assez fort.
6	753,24	25,0	24,7	752,55	26,3	26,5	751,51	27,3	27,5	751,58	25,5	25,8	751,97	21,1	22,7	751,54	19,1	19,5	27,7	13,0	Beau....................	E. faible.
7	753,99	21,4	22,6	753,61	24,0	24,5	754,23	21,8	21,7	755,19	18,1	18,4	756,08	16,0	16,4	755,37	15,0	15,2	25,7	15,5	Beau; nuageux; cumulus.....	O.N.O. as. fort.
8	757,12	15,0	*15,0	757,57	19,2	19,4	757,66	20,4	20,0	757,97	20,0	20,0	758,76	15,3	16,0	759,18	13,5	13,3	21,6	12,3	Très-nuageux	S. S. O. faible.
9	761,11	18,6	19,5	761,68	20,5	20,5	761,34	22,1	21,3	761,60	19,8	19,8	762,22	14,9	14,5	762,59	12,9	13,0	22,2	11,9	Beau; nuages; cumulus.....	S. O. assez fort.
10	763,91	17,6	18,6	762,96	19,3	19,9	761,97	20,2		761,27	19,5	19,5	761,44	15,9		760,80	14,1		21,5	11,1	Beau; cumulus..............	N. N. E. as. fort.
11	759,15	15,4		758,54	17,9	18,1	757,44	19,7	19,2	757,18	19,5	19,4	757,33	18,8	19,2	757,19	17,4		19,9	12,2	Couvert..................	N. assez fort.
12	756,73	19,3	18,8	756,10	21,6	21,6	754,58	23,2		753,44	23,1	22,4	753,06	21,2	21,4	751,78	19,9		22,8	15,7	Tr.-nuag.; cum.; cirr.; éclaire.	S. S. E. faible.
13	748,76	23,3		747,87	24,7		748,39	18,4	*18,6	747,64	18,3		747,74	15,1		746,82	13,9		25,6	16,3	Couvert; éclaircies	S. S. E. faible.
14	746,46	13,3		749,54	15,9	16,4	750,07	18,1		750,95	14,5		751,32	12,3		751,32	10,8	14,5	20,3	10,5	Couvert..................	S. O. fort.
15	748,18	13,5		747,31	13,4		746,12	14,7		744,56	14,3		744,19	12,7		744,78	10,9		14,9	11,1	Couvert; pluie...........	S. O. très-fort.
16	745,71	12,8	13,5	745,50	15,0		744,64	16,2	16,1	744,84	11,0	*11,2	745,95	10,1		746,46	9,3		16,8	10,2	Couvert; pluie (ondée)......	S. O. fort.
17	750,40	13,9	*14,0	752,19	13,9	*13,9	754,03	12,7	*13,4	756,18	11,3	*10,6	758,11	10,2		759,54	9,7		15,0	9,3	Couvert; ondée par instants...	S. O. assez fort.
18	762,49	15,4	14,8	762,00	16,9	16,4	760,90	16,0	15,9	759,93	13,0	13,2	758,04	10,2		756,16	10,3		17,3	8,6	Très-nuag.; cirrus et cumulus..	O. S. O. faible.
19	756,60	13,6		756,94	16,0	16,0	757,89	14,3	14,3	758,51	12,5	12,9	759,71	10,4		760,85	8,4		16,5	10,1	Presque couv.; quelq. éclaire..	N. O. faible.
20	762,35	10,5	10,6	762,54	11,9	11,4	763,08	12,4	14,8	763,17	11,5	11,1	763,41	9,5		763,45	8,9		12,9	8,9	Couvert....................	N.N.O. très-fort
21	761,70	11,2		761,37	13,1	13,2	761,13	13,5	*13,3	761,02	12,4	*12,0	761,39	11,9	*12,0	761,20	11,6	11,7	14,3	8,2	Couvert.	N. assez faible
22	760,71	12,4	12,5	760,72	13,8	*13,0	760,48	13,6	*13,3	760,08	14,2	*13,6	760,30	12,6	*12,0	759,84	11,5		14,4	11,4	Couvert; pluie à 4h 30m......	
23	758,33	13,5	*12,4	758,67	13,9	14,2	758,40	18,1	17,9	759,17	16,4	*15,7	760,55	14,0	*14,0	761,39	11,4	11,5	18,3	10,4	Couvert.	N. O. faible.
24	763,02	15,2	15,3	763,08	16,6	16,2	763,12	17,2	17,2	762,90	17,1	17,2	762,03	13,4	13,5	754,32	11,3	11,2	17,8	10,3	Presque complétem. couvert..	N. O. assez fort.
25	763,73	17,0	17,5	763,72	18,6	18,9	763,44	19,1	18,5	763,26	17,7	17,3	763,65	14,3	14,3	763,75	12,5	13,0	20,4	9,4	Très-nuageux...........	O. assez fort.
26	764,29	17,7	18,5	764,74	18,2	18,6	764,48	19,8	19,0	764,48	18,9	18,8	764,51	17,0	18,4	765,28	15,7	17,1	21,2	10,8	Nuageux....................	N. O. faible.
27	766,38	18,5	19,0	765,92	22,3	22,3	765,44	23,1	23,0	764,83	22,1	22,1	764,93	19,0	18,8	764,96	17,4	17,7	23,4	14,7	Couvert; quelq. éclaircies; ☉.	E. faible.
28	763,30	19,9	20,2	762,13	22,3	22,5	760,84	23,6	23,6	760,02	23,6	23,5	760,06	20,1	20,2	760,35	16,7	17,0	23,8	14,5	Beau; vapeurs............	N. E. assez faib.
29	757,22	22,5	23,8	756,18	25,0	25,1	755,06	27,3	26,3	754,27	27,2	26,2	755,00	22,8	21,9	755,17	20,6	21,2	27,5	15,7	Beau.	E. N. E. faible.
30	758,60	21,0	21,3	758,98	23,5	23,3	759,68	24,6	24,4	760,22	23,4	22,8	760,40	19,0	18,3	761,95	16,9	16,8	25,0	19,3	Très-nuageux...........	O. faible.

) Cette observation a été faite à 7h 30m.

uantité de pluie en millimètres tombée pendant le mois. { Cour ..... 52mm,42 — Terrasse... 46mm,94

ota. Les astérisques placés dans la colonne du thermomètre tournant indiquent que ce thermomètre, qui n'est, jusqu'à nouvel ordre, qu'un thermomètre d'essai, était mouillé par la pluie.

OBSERVATIONS MÉTÉOROLOGIQUES FAITES A L'OBSERVATOIRE DE PARIS. — JUILLET 1855.

	9 HEURES DU MATIN. Temps vrai.			MIDI. Temps vrai.			3 HEURES DU SOIR. Temps vrai.			6 HEURES DE SOIR. Temps vrai.			9 HEURES DU SOIR. Temps vrai.			MINUIT. Temps vrai.			THERMOMÈTRE.		ÉTAT DU CIEL A MIDI.	VENTS A MIDI.
jours	BAROM. à 0°.	THERM. extér. fixe et corrig.	THERMOMÈTRE tournant	BAROM. à 0°.	THERM. extér. fixe et corrig.	THERMOMÈTRE tournant	BAROM. à 0°.	THERM. extér. fixe et corrig.	THERMOMÈTRE tournant	BAROM. à 0°.	THERM. extér. fixe et corrig.	THERMOMÈTRE tournant	BAROM. à 0°.	THERM. extér. fixe et corrig.	THERMOMÈTRE tournant	BAROM. à 0°.	THERM. extér. fixe et corrig.	THERMOMÈTRE tournant	MAXIMA.	MINIMA.		
1	763,10	22,1	22,0	762,85	24,7	24,5	762,60	25,9	24,2	762,19	23,7	22,8	763,16	20,0	19,7	763,22	17,6	17,7	26,7	13,8	Nuageux	O. faible.
2	763,13	22,2	21,1	762,82	23,8	22,7	762,19	25,7	22,6	761,19	23,7	22,8	761,81	20,9	20,6	761,72	18,1	17,8	24,8	15,4	Nuageux	S. O. faible.
3	761,58	22,3	21,6	761,00	22,6	22,0	760,75	25,3	22,7	760,41	23,3	22,2	761,16	19,3	19,2	761,41	16,5	16,6	23,9	16,3	Beau; nuages	N. O. assez faib.
4	760,32	21,6	20,6	759,63	23,9	23,1	759,05	25,4	22,6	758,97	20,9	20,6	759,58	17,9	17,9	759,91	15,1	15,0	24,7	13,2	Beau; nuages	O. faible.
5	759,82	17,9	18,2	759,25	20,8	20,3	758,89	22,3	21,7	757,64	21,0	22,0	758,19	19,4	19,5	758,31	17,0	16,5	24,3	12,3	Beau; soleil	N. O. faible.
6	757,82	22,9	22,6	757,60	23,5	23,4	756,85	25,1	24,6	756,42	24,9	25,0	757,23	21,0	20,4	757,66	18,7	18,4	26,0	14,4	Beau; quelques nuages	E. S. E. faible.
7	758,58	22,3	21,9	758,11	24,0	22,5	757,60	24,9	24,5	756,86	25,6	23,3	757,24	19,6	19,4	757,09	16,2	16,2	25,9	15,5	Beau; vaporeux	N. N. O. faible.
8	755,49	20,6	20,9	754,37	23,8	23,7	753,11	23,9	24,2	752,46	24,0	23,4	752,16	21,5	21,2	751,66	19,2	18,9	23,5	14,1	Ciel voilé; nuages à l'horiz. N.	N. faible.
9	750,12	21,3	21,3	749,97	25,8	25,2	749,33	24,1	23,0	748,34	22,1	21,2	748,25	19,1	19,3	748,38	18,2	18,4	26,2	15,6	Nuages au S. O.	S. S. E. faible.
10	748,29	19,9	19,2	747,85	19,5	19,0	746,32	19,9	19,6	745,68	19,2	*19,0	746,10	15,9	*15,5	746,75	15,2	15,3	21,3	16,1	Couvert	O. S. O. faible.
11	747,54	17,5	17,4	747,71	21,3	19,9	747,71	20,7	20,0	748,13	16,5	15,5	748,33	14,5	*14,1	747,62	14,1	*14,2	21,7	14,7	Couvert	O.S.O. ass. fort.
12	754,16	15,8	*15,0	752,56	18,9	18,7	754,05	19,4	*19,0	754,91	19,1	18,5	756,00	17,0	16,8	756,83	14,3	14,2	20,2	13,9	Couvert	O. N. O. ass. fort
13	757,90	22,8	22,2	757,91	24,7	23,9	757,29	25,2	23,9	756,32	23,5	23,9	756,73	20,1	20,3	756,20	17,8	18,0	26,4	13,4	Beau; cumulus	S. S. E. faible.
14	756,42	21,9	23,4	756,27	24,1	23,3	756,56	27,0	25,6	756,77	23,7	23,2	757,19	19,9	19,8	757,31	17,8	18,0	27,9	14,2	Couvert; éclaircies	S. faible.
15	757,49	22,3	20,8	756,76	24,2	23,4	755,76	23,2	24,3	754,75	23,1	21,6	754,60	19,8	20,2	753,42	16,2	16,4	26,6	15,1	Très-nuageux, cumulus	S. S. E. faible.
16	749,70	19,2	19,2	748,63	22,3	22,4	747,59	17,1					750,75	14,8	14,8	751,16	14,0	14,0	22,8	14,1	Nuageux	S. O. fort
17	749,14	13,7	*13,0	750,16	15,5	*15,4	751,70	17,4	16,8	752,48	17,3	16,9	753,47	13,2	13,6	753,67	11,4	11,7	17,5	11,7	Pluie très-forte et vent violent	O. assez fort.
18	753,60	12,9	*12,7	753,45	16,7	*16,8	752,97	20,1	18,9	752,66	18,5	*17,4	752,66	15,7	*15,4	752,74	14,7	14,8	21,4	8,2	Uniformément couvert	S. faible.
19	751,85	18,8	18,8	751,23	20,3	20,0	750,47	22,1	21,2	749,84	19,3	*19,2	750,63	15,3	*15,3	751,55	13,7	*12,5	22,5	12,6	Couvert; quelques éclaircies	S. O. assez fort.
20	754,51	16,4	16,3	755,07	19,8		755,69	19,9	19,3	755,90	18,7	18,6	757,39	14,8	14,6	757,59	11,9	12,2	20,9	12,0	Couvert; quelques éclaircies	O. assez fort.
21	759,45	16,4	17,0	759,87	19,7	19,3	759,99	20,1	20,6	760,51	19,9	19,7	761,56	17,1	17,0	763,10	14,3	14,0	20,3	10,8	Nuageux	O. assez fort.
22	763,11	19,9	19,7	761,66	21,1	21,3	760,74	22,0	21,4				760,40	19,3	20,0	760,03	15,8	15,6	23,7	11,2	Très-nuageux	N. faible.
23	757,71	19,5	20,0	756,54	22,7	22,5	755,10	23,2	21,8	754,05	21,3	21,0	753,81	17,8	18,2	753,26	15,3	15,0	23,6	13,1	Nuageux	N. O. faible.
24	751,84	19,7	19,4	751,45	23,6	23,4	750,50	23,1	21,8	750,21	18,3	16,8	750,05	16,9	*16,5	750,38	15,2	15,0	23,7	13,5	Couvert	S. S. assez faib.
25	752,70	17,7	18,6	752,30	20,1	19,8	751,69	20,4	20,0	753,30	16,6	16,3	753,80	13,3	13,5	754,63	12,5	13,8	31,4	11,5	Beau; nuageux	O. S. assez fort.
26	754,11	17,3	16,9	754,34	20,1	19,4	754,02	20,1	18,4	754,48	18,0	16,4	755,78	16,1	15,6	756,11	14,5	14,1	22,2	11,4	Très-nuageux	S. O. assez fort.
27	756,10	16,8	16,9	755,90	23,0	21,8	755,75	22,8	22,8	754,47	20,4	*19,9	757,24	16,6	16,4	757,59	14,9	13,7	23,5	11,8	Très-nuageux	S.S.O. ass. fort.
28	758,11	20,1	19,3	757,99	20,9	20,5	757,72	22,5	20,8	757,50	19,9	19,7	757,60	16,0	16,0	757,21	14,6	15,3	21,6	13,1	Nuageux	O.S.O. ass. fort.
29	756,40	16,1	*15,6	756,00	19,9	19,6	755,54	21,8	21,0	755,18	20,4	20,2	755,93	17,8	17,7	756,21	16,1	16,2	22,0	14,1	Couvert; quelques éclaircies	S. faible.
30	756,23	18,7	17,9	755,61	21,7	21,3	754,92	22,9	23,1	754,45	23,1	21,5	754,71	17,1	17,0	754,52	15,0		24,1	13,7	Nuageux; quelques éclaircies	S. O. faible
31	754,06	16,9		753,36	25,4		753,07	26,1		753,16	25,1		754,18	21,5		754,68	18,3		26,5	14,6	Beau; quelques nuages	O. assez fort.

*) Cette observation a été faite à 9h 10m.

**) Cette observation a été faite à 7h.

Quantité de pluie en millimètres tombée pendant le mois. { Cour .... 40mm,86 / Terrasse... 37mm,34

Nota. Les astérisques placés dans la colonne du thermomètre tournant indiquent que ce thermomètre, qui n'est, jusqu'à nouvel ordre, qu'un thermomètre d'essai, était mouillé par la pluie.

OBSERVATIONS MÉTÉOROLOGIQUES FAITES A L'OBSERVATOIRE DE PARIS. — AOUT 1855.

9 HEURES DU MATIN. Temps vrai.			MIDI. Temps vrai.			3 HEURES DU SOIR. Temps vrai.			6 HEURES DU SOIR. Temps vrai.			9 HEURES DU SOIR. Temps vrai.			MINUIT. Temps vrai.			THERMOMÈTRE.		ÉTAT DU CIEL A MIDI.	VENTS A MIDI.
BAROM. à 0°.	THERM. extér. fixe et corrig.	THERMOMÈTRE tournant.	BAROM. à 0°.	THERM. extér. fixe et corrig.	THERMOMÈTRE tournant.	BAROM. à 0°.	THERM. extér. fixe et corrig.	THERMOMÈTRE tournant.	BAROM. à 0°.	THERM. extér. fixe et corrig.	THERMOMÈTRE tournant.	BAROM. à 0°.	THERM. extér. fixe et corrig.	THERMOMÈTRE tournant.	BAROM. à 0°.	THERM. extér. fixe et corrig.	THERMOMÈTRE tournant.	MAXIMA.	MINIMA.		
755,74	20,8		755,55	23,4		755,29	25,3	25,5	754,95	24,1	24,1	755,55	20,2	20,0	755,45	18,2	18,2		16,1	Nuageux ; quelques éclaircies..	O. faible.
755,92	24,5	24,3	755,47	26,5	26,7	754,30	28,0	26,9	753,86	26,7	26,3	754,61	22,2	22,3	755,01	20,3	20,0	29,1	15,3	Très-nuageux	S. faible.
754,15	22,7	23,4	753,27	27,1	26,4	751,16	27,5	27,2	750,49	23,0	21,3	751,42	19,3	*18,7	752,34	16,1	15,9	28,7	17,9	Couvert	S. faible.
754,75	17,7	17,8	754,42	20,5	20,2	753,83	20,3	*19,8	753,41	19,7	19,7	754,76	16,3	16,4	755,14	15,5	15,6	24,7	13,1	Très-nuageux ; ⊙ par mom	O. assez fort.
757,60	19,1	20,7	758,31	20,3	20,7	758,71	20,5	20,5	759,20	20,5	20,2	760,53	16,3	15,7	760,96	14,3	13,6	21,4	13,7	Très-nuageux	O.N.O. ass. fort.
760,85	20,6	21,8	759,67	23,3	22,7	758,67	23,3	23,2	757,57	22,3	22,2	756,79	18,3	18,8	756,36	16,3	16,9	23,4	11,9	Nuageux	S. S. E. faible.
753,69	22,3	22,9	753,42	23,9	23,7	753,98	23,1	23,5	754,04	21,1	20,8	754,56	16,6	*15,8	754,36	15,5	15,5	24,8	14,9	Très-nuageux, quelq. éclaire..	S.S. E. faible.
751,74	17,6	17,9	752,22	16,5	16,8	751,82	16,7	17,0	752,52	16,8	16,3	753,76	15,5	15,3	753,88	14,2	14,0	18,9	14,2	Très-nuageux	S. O. assez fort.
			755,39	19,2	19,2	754,52	19,7	19,4	756,32	17,0	16,7	757,19	13,9	12,8	757,58	11,7	11,5	20,3	14,0	Couvert	O. faible.
759,14	19,3	19,0	759,33	19,1	19,8	759,63	20,7	20,7	759,99	19,5	19,5	761,23	16,7	16,0	761,84	15,0	15,0	21,4	10,5	Très-nuageux	O. faible.
763,07	20,0	20,4	762,61	21,7	21,8	762,42	22,4	22,4	762,44	21,2	21,1	763,49	18,3	18,5	763,55	14,7	14,7	23,0	12,1	Nuageux	N. E. faible.
763,38	19,5	21,0	762,60	20,2	21,0	761,58	22,5	22,4	761,12	20,3	20,2	761,23	18,3	18,2	760,88	17,5	17,6	22,8	12,4	Couvert ; quelques éclaircies..	N. N. O. faible.
761,15	15,7	15,8	760,85	18,0	18,3	760,53	20,3	20,4	760,71	19,4	19,1	761,61	15,5	15,4	761,99	13,0	13,0	20,4	13,9	Couvert ; nimbus	N. N.E. as. faib.
762,40	16,5	17,0	761,33	18,6	18,8	761,49	20,4	20,3	761,46	20,5	20,3	762,23	17,9	17,8	762,61	16,7	16,7	21,3	10,7	Beau ; quelques nimbus	N. assez faible.
763,60	18,4		763,59	20,7	20,9	762,75	22,6		762,64	22,5		763,87	18,4		764,45	16,1	15,6	23,1	13,0	Stratus ; ciel vaporeux	N. N. O. faible.
765,05	19,3	19,6	764,18	22,9		763,70	23,3	23,4	763,62	22,5	22,5	764,35	19,5	19,2	764,76	17,3	17,0	23,8	13,1	⊙ ; nuageux	O. N. O. faible.
764,65	20,0	20,6	764,15	22,4	22,5	763,29	23,5	24,4	762,65	21,9	21,8	762,84	18,5		762,49	15,7		24,4	14,0	Beau ; quelques nuages	N. N. E. très-fort.
760,64	19,2		758,97	23,0	22,9	757,30	25,3	24,8	755,97	23,9	23,1	755,46	20,7	20,5	754,36	18,5	18,5	25,5	13,4	Beau	E. assez fort.
753,95	25,1		754,06	26,9		755,11	23,8		755,18	22,8	22,0	755,68	20,1	20,1	755,56	18,3	18,4	26,7	16,5	Couv.; à 1h30m écl.; ton. et pl.	O. N. O. fort.
758,28	20,5		758,27	21,9	21,9	757,95	23,4		757,77	22,4	21,6	758,15	19,1	18,9	757,61	16,9	16,8	24,6	14,7	Nuageux	S. O. assez fort.
757,99	20,1	19,9	758,02	23,9		757,95	25,5		757,58	24,5		758,62	19,8	19,3	759,51	16,2	16,0	26,1	16,5	Cumulus ; éclaircies; ⊙	O. fort.
760,39	19,9	20,3	759,50	21,6	22,0	758,66	23,7	23,7	757,58	22,9	22,3	757,26	20,1	20,0	757,36	16,0	15,9	24,0	12,2	Beau	S. S. O. faible.
754,26	22,3	22,5	752,69	27,2	27,0	750,95	30,5	30,0	750,25	29,7	28,8	750,50	24,6	24,9	751,07	23,7	24,2	30,5	13,0	Beau	E. faible.
753,80	21,5	20,4	754,25	24,1	24,3	754,04	26,7	25,4	755,14	23,7	22,4	755,94	20,0	*19,9	756,70	18,9	*18,5	27,0	14,1	Une ondée à 11h3/4; conv.; écl.	S.S. O. faible
759,53	19,1	19,4	759,27	21,0	20,7	758,64	23,5	22,4	758,07	22,3	21,6	758,47	19,9	19,1	758,91	17,6	16,9	23,7	16,9	Très-nuageux	O. N. O. faible.
760,92	19,0	18,8	760,63	21,4	21,5	760,21	23,5	22,5	760,02	21,5	21,1	760,86	18,1	16,3	761,10	15,2	14,2	24,0	15,0	Cirrus et cumulus	N. O. faible.
760,91	21,4	21,5	758,71	23,5	24,1	756,46	24,5		756,39	23,3	24,0	756,14	19,3		755,77	16,1		25,3	11,7	Beau ⊙ ; qq. petits cumulus...	S. O. faible.
754,79	21,6	20,5	753,93	27,8	26,5	753,87	25,9	25,8	753,87	24,1		754,61	21,3	20,7	755,35	18,7	17,9	30,3	14,3	Beau ; vapeurs	S. S E. faible.
757,38	15,9	17,1	758,52	15,6	16,3	759,11	16,4	17,2	759,42	17,7		760,67	16,1	15,5	761,36	14,5	14,1	16,9	14,6	Couvert ; pluie	N.N.O. as. faib.
763,43	15,2	16,3	763,15	18,3	19,1	762,71	20,1	20,6	762,44	20,1	20,6	762,63	17,3	16,1	762,56	15,8	15,0	30,4	12,6	Très-nuageux	N. N. O. ass. fort.
761,70	16,9	17,4	761,09	20,3	20,3	760,16	20,5	20,7	759,39	19,5	19,5	760,02	18,0	17,9	760,09	16,5	15,8	21,1	13,2	Couvert ; quelques éclaircies..	N. E. faible.

Cette observation a été faite à midi 45m. — (1) Cette observation a été faite à 9h 40m.
Cette observation a été faite à 3h 10m.

Quantité de pluie en millimètres tombée pendant le mois :
Cour..... 38mm,80
Terrasse... 32mm,70

a. Les astérisques placés dans la colonne du thermomètre tournant indiquent que ce thermomètre, qui n'est, jusqu'à nouvel ordre, qu'un thermomètre d'essai, était mouillé par la pluie.

OBSERVATIONS MÉTÉOROLOGIQUES FAITES A L'OBSERVATOIRE DE PARIS. — SEPTEMBRE 1855.

9h MATIN — Barom. à 0°	9h MATIN — Therm. extér. fixe et corrig.	9h MATIN — Thermom. tournant	MIDI — Barom. à 0°	MIDI — Therm. extér. fixe et corrig.	MIDI — Thermom. tournant	3h SOIR — Barom. à 0°	3h SOIR — Therm. extér. fixe et corrig.	3h SOIR — Thermom. tournant	6h SOIR — Barom. à 0°	6h SOIR — Therm. extér. fixe et corrig.	6h SOIR — Thermom. tournant	9h SOIR — Barom. à 0°	9h SOIR — Therm. extér. fixe et corrig.	9h SOIR — Thermom. tournant	MINUIT — Barom. à 0°	MINUIT — Therm. extér. fixe et corrig.	MINUIT — Thermom. tournant	Thermom. MAXIMA	Thermom. MINIMA	ÉTAT DU CIEL À MIDI	VENTS À MIDI
761,36	16,3	16,3	761,32	18,3	18,4	761,22	18,7	18,2	761,09	17,8	17,8	761,68	15,4	15,3	760,96	14,9	14,6	20,9	15,3	Couvert.	N. N. O. faible.
759,83	14,4		759,53	15,0		758,43	15,7	16,2	758,07	15,7		758,10	15,3		757,86	13,3		15,9	13,9	Couvert	N. N. E. très-fort.
756,29	15,3		756,00	15,9		755,28	17,5		754,69	16,1		754,29	15,7		754,21	15,5		18,1	10,7	Couvert.	N. N. O.
754,51	18,1		753,41	21,5	20,9	752,70	22,5	22,1	751,31	21,5	20,8	751,58	18,1	18,1	753,27	15,1	15,0	23,8	13,1	Beau; cumulus	N. E. assez fort.
752,94	16,3	16,6	753,44	15,1	14,9	752,97	16,7	17,1	753,51	16,3	16,5	754,80	15,3	16,0	755,75	13,0	13,0	16,7	13,6	Très-nuageux.	N. fort.
759,25	14,2	14,5	760,14	15,5	16,1	760,46	16,1	16,3	761,60	15,5	16,1	763,31	13,2	12,0	764,64	11,0	11,0	16,9	11,1	Couvert; nuageux.	N. E. très-fort.
767,57	13,6	13,7	766,34	17,2	17,0	765,91	18,4		765,75	17,4	17,4	766,56	14,3		766,90	12,3	13,9	18,5	9,1	Beau; nuages	N. N. E. fort.
766,04	14,7		764,60	18,2		763,77	19,9		762,97	18,5	18,4	762,76	16,1	15,9	761,82	12,2	12,0	20,1	9,1	Beau.	N. N. E. modéré.
761,19	15,9	15,6	760,15	20,1	18,9	759,32	22,1	20,3	758,99	18,7	18,1	759,40	15,3	16,1	759,26	13,5	13,6	22,4	9,1	Beau; vapeurs..	N. N. O. faible.
757,89	14,5	15,1	757,16	17,3	17,4	756,02	18,9	18,2	755,57	18,5	18,1	755,76	15,2	15,9	755,51	13,5	13,2	22,0	9,5	Nuageux; éclaircies au N. E.	N. E. assez fort.
756,07	10,5	*11,7	756,25	13,1	*13,6	756,70	14,1		757,48	15,7		758,95	14,7	15,6	759,66	12,8	13,7	15,7	10,4	Couvert; pluie.	N. O. as. faible.
761,65	12,7	14,5	761,41	17,5	17,2	760,89	20,1	19,5	760,37	18,7		761,35	14,8	15,5	761,30	11,5	11,6	20,2	8,1	Beau; quelques cumulus.	N. faible.
760,34	15,5		759,14	19,8	19,3	757,61	21,2	20,2	757,00	19,1	18,0	757,15	15,1	15,0	756,13	14,9		22,4	9,7	Beau; quelques cirrus.	N. assez fort.
755,23	14,5		755,04	15,7		754,48	17,4					755,53	15,4	15,7	756,84	12,9	13,8	20,4	13,5	Couvert	O. S. O. faible.
760,37	13,9		761,07	14,9		760,90	16,4		761,04	14,8	16,2	762,04	10,5	10,1	762,04	8,8	8,9	18,2	11,8	Couvert.	N. O.
762,51	16,3	15,2	761,60	19,5	18,7	760,82	21,4	20,3	761,01	18,8	18,1	761,28	14,8	14,9	761,13	12,3	12,2	23,1	8,5	Nuageux	S. S. O. faible.
760,05	17,5	15,9	759,03	19,2	19,6	757,83	20,3	20,7	756,97	19,2	18,8	757,09	16,0	16,4	756,89	13,7	14,8	21,1	10,3	Nuageux..	O. faible.
756,07	17,5	16,4	755,41	19,9	19,7	754,89	21,7	20,7	754,83	20,3	19,4	755,26	16,3	16,1	755,50	14,0	13,9	21,9	10,7	Beau; vapeurs.	N. faible.
755,50	17,9	18,4	756,43	21,7	20,3	756,40	22,3	19,9	756,53	20,7		757,59	16,9	16,8	758,27	13,8	13,9	23,4	11,4	Beau; cumulus.	N. O. faible.
760,37	16,7	17,1	760,61	21,9	21,6	760,44	22,9	23,3	762,68	20,9	20,2	762,92	19,2	18,2	763,00	14,5		23,3	11,0	Nuageux.	S. O. faible.
764,24	17,6	17,3	763,67	21,9	21,4	762,68	23,6	23,5	761,38	20,8	20,9	761,98	17,3	19,6	762,61	16,7	16,2	23,2	12,2	Beau; quelques petits cumulus.	O. N. O. faible.
762,16	18,2	18,1	760,98	21,8	22,2	760,40	23,7	23,3	760,69	21,8	22,2	760,40	17,1	18,5	761,66	15,5	16,2	24,4	12,4	Beau; vapeurs.	E. faible.
763,00	18,4	18,4	762,70	21,9	21,4	762,11	23,7	23,0	762,26	21,9	21,4	762,11	17,2	17,1	763,18	14,8	15,2	24,1	13,1	Beau; vapeurs	E. faible.
764,80	16,3	15,7	765,07	16,4	16,9	764,01	17,4	17,4	765,73	15,9	15,7	765,84	14,5	15,4	765,84	12,2	12,8	17,6	13,8	Couvert.	N. N. O. faible.
766,03	11,2	11,2	765,23	14,5	14,5	763,86	16,4	16,4	763,72	14,7	14,4	763,95	11,0	11,0	763,40	9,3	9,1	16,6	7,5	Beau; quelques petits cumulus.	N. E. fort.
762,00	13,3	12,2	761,14	15,5	15,6	759,84	17,2	16,9	759,54	15,7	15,6	759,23	12,1	12,3	759,32	7,9	8,5	17,4	6,5	Beau	E. N. E. fort.
758,50	15,0	15,0	757,63	21,1	21,6	756,57	22,7	22,5	755,70	19,8	18,4	755,51	16,5	16,1	754,35	13,3	14,4	23,2	4,4	Beau; cirrus.	S. S. O. fort.
751,78	16,7	16,6	751,04	21,3	19,7	749,78	17,8	17,6	748,96	15,7	15,5	748,89	14,7	17,2	748,17	14,5	16,8	21,7	10,4	Nuageux.	S. E. assez fort.
748,22	17,9	17,8	747,70	20,5	18,8	746,43	22,2	19,8	746,26	19,8	19,7	746,54	18,2	18,1	746,68	16,6	18,5	23,0	13,2	Couvert; quelques éclaircies..	S. S. O. faible.
744,71	15,4	*16,2	743,59	16,3	*16,2	743,43	16,5	16,4	745,39	14,4	14,7	746,87	13,8	15,4	747,27	11,5	12,3	18,1	14,6	Couvert; pluie par moments.	E. S. E.

Cette observation a été faite à 9h 15m.

Quantité de pluie en millimètres tombée pendant le mois.
{ Cour 13mm,27
Terrasse... 9mm,95 }

Na. Les astérisques placés dans la colonne du thermomètre tournant indiquent que ce thermomètre, qui n'est, jusqu'à nouvel ordre, qu'un thermomètre d'essai, était mouillé par la pluie.

OBSERVATIONS MÉTÉOROLOGIQUES FAITES A L'OBSERVATOIRE DE PARIS. — OCTOBRE 1855.

Jours du mois	9 HEURES DU MATIN (Temps vrai)			MIDI (Temps vrai)			3 HEURES DU SOIR (Temps vrai)		
	Barom. à 0°.	Therm. extér. fixe et corrig.	Thermomètre tournant.	Barom. à 0°.	Therm. extér. fixe et corrig.	Thermomètre tournant.	Barom. à 0°.	Therm. extér. fixe et corrig.	Thermomètre tournant.
1	747,49	13,9	13,8	746,63	15,9	15,8	*745,34	15,0	*14,6
2	750,57	13,4	13,5	750,90	14,2	*14,4	750,93	16,4	16,1
3	752,89	14,8	15,1	751,28	17,3	16,7	750,94	18,3	17,3
4	747,32	15,6	15,8	746,16	16,5	17,0	745,98	17,8	17,4
5	748,38	14,7	15,3	747,72	18,5	18,2	746,72	19,0	18,9
6	744,38	14,7	15,3	744,08	19,0	18,4	743,80	19,1	19,0
7	743,96	15,0	15,0	742,69	14,5	*15,0	741,89	14,0	14,3
8	747,12	13,1	13,2	747,59	16,1	15,4	747,70	15,9	15,6
9	746,88	11,0	11,2	746,70	14,7	14,7	746,16	15,2	15,6
10	749,56	13,9	13,5	751,18	11,4	12,2	752,01	13,3	13,1
11	755,05	11,0	11,0	755,66	13,5	12,9	754,10	13,5	13,4
12	758,41	14,3	13,7	*753,55	16,7	15,4	753,13	15,7	*14,7
13	752,35	13,4	12,7	751,64	16,3	15,2	751,08	15,5	15,4
14	745,33	12,7	13,0	744,50	17,7	16,8	744,28	17,5	16,4
15	745,31	12,0	12,0	746,18	14,2	13,2	*745,37	12,1	*12,4
16	754,65	10,8	10,9	754,59	13,9	13,6	753,67	14,4	14,3
17	751,11	10,6	10,7	750,66	14,1	13,8	750,03	13,4	13,2
18	754,31	11,0	11,0	755,85	12,8	12,3	755,97	14,5	13,4
19	761,70	10,0	10,4	761,53	11,2	11,3	760,84	12,9	12,9
20	765,68	5,8	6,9	765,95	11,7	11,0	765,34	13,2	12,7
21	765,89	5,3	7,2	764,99	11,1	10,3	764,84	11,5	14,5
22	764,00	9,8	9,7	763,86	11,8	11,1	762,63	13,7	13,6
23	757,49	9,0	9,6	757,19	12,9	13,1	755,78	13,1	14,5
24	758,84	11,0	*11,1	759,45	13,1	12,6	759,49	13,1	12,9
25	763,46	8,4	9,1	762,11	12,5	12,2	757,77	12,9	10,6
26	747,31	11,7		745,21	14,1	13,7	744,47		*13,6
27	743,86	9,0		742,80	11,0		744,84	10,1	
28	*745,13	8,8		*745,84	9,8	9,6	745,72	9,9	*10,0
29	744,91	9,1		740,97	10,6	10,4	739,27	10,1	9,8
30	735,17	8,8	8,6	736,30	9,8	9,8	737,13	10,0	9,9
31	740,88	8,1	*8,2	741,59	9,5	9,3	742,02	11,0	10,7

Jours du mois	6 HEURES DE SOIR (Temps vrai)			9 HEURES DU SOIR (Temps vrai)			MINUIT (Temps vrai)		
	Barom. à 0°.	Therm. extér. fixe et corrig.	Thermomètre tournant.	Barom. à 0°.	Therm. extér. fixe et corrig.	Thermomètre tournant.	Barom. à 0°.	Therm. extér. fixe et corrig.	Thermomètre tournant.
1	745,38	13,3	*13,3	746,54	12,4		748,20	12,2	
2	751,54	14,7	15,4	752,37	12,2	12,3	751,75	11,0	10,9
3	750,03	16,9	16,5	750,14	15,3	16,0	749,40	14,5	15,3
4	745,18	16,5	16,5	746,70	15,6	16,2	747,13	14,2	14,3
5	746,81	17,1	17,0	746,46	12,9	13,0	745,88	12,3	13,7
6	743,85	16,1		743,96	14,9	16,4	743,62	13,2	13,4
7	740,46	13,2	14,2	743,68	10,8	12,0	744,84	9,6	10,5
8	747,84	13,4	13,4	748,84	11,4	11,3	748,46	10,2	10,2
9	747,35	12,1	11,7	748,17	9,4	9,3	748,65	9,3	9,0
10	752,99	11,5	11,5	753,21	10,5	10,6	754,19	10,1	10,4
11	754,73	13,1	13,1	753,35	13,0	13,1	753,09	11,6	
12	753,46	14,1	14,1	753,17	13,5	*13,9	752,95	13,7	12,8
13	751,08	13,3	14,0	750,39	12,0	12,6	749,37	12,0	*12,2
14	743,39	14,5	15,1	743,71	13,7	*14,3	743,13	13,4	13,6
15	745,11	9,9	11,2	748,74	9,4	9,6	750,74	8,6	8,8
16	753,39	11,5	12,0	753,39	9,2	9,6	752,95	8,0	9,4
17	750,19	12,1	12,1	750,31	11,2	*11,3	751,94	10,4	11,1
18	757,76	10,0	10,9	759,03	10,3		759,66	9,1	10,3
19	761,05	10,0	11,4	762,74	7,2	8,7	762,81	6,2	7,3
20	765,17	9,8	11,9	766,03	6,7	7,4	765,80	4,4	
21	764,66	10,4	11,9	764,29	7,8	9,1	764,11	6,5	
22	761,99	12,6		762,07	11,1	13,3	761,08	10,6	11,7
23	755,44	13,4	13,4	756,05	11,7	13,4	756,14	12,8	13,3
24	760,61	10,5	10,2	762,05	8,8	9,8	761,69	7,8	8,6
25	756,44	10,9	10,6	756,44	9,7	9,8	754,79	9,0	9,7
26	741,94	12,3	*12,4	743,86	10,4	*10,0	742,93	9,5	9,6
27	743,56	9,3		744,44	9,2		744,49	8,6	
28	*745,91	9,7		746,10	9,6	10,4	746,11	8,3	8,6
29	736,85	8,9		736,35	8,4	*9,8	735,24	7,5	*9,4
30	737,91	9,4	9,4	738,86	8,8	9,6	739,16	8,3	9,7
31	743,89	9,3	9,6	744,04	6,6	7,4	744,64	4,4	4,7

Jours du mois	THERMOMÈTRE Maxima.	THERMOMÈTRE Minima.	ÉTAT DU CIEL A MIDI.	VENTS A MIDI.
1	16,5	9,5	Couvert; éclaircies	S. S. E.
2	16,9	9,4	Couvert; pluie	S. S. O. as. faib.
3	18,9	9,6	Nuageux; quelques éclaircies.	S. S. O. faible.
4	18,1	12,8	Couvert	S. O. assez fort.
5	19,8	12,7	Nuages et soleil	S. O. fort.
6	19,9	11,8	Nuageux	S. S. O. ass. fort.
7	16,6	12,1	Couvert; pluie	S. S. O. faible.
8	16,3	8,9	Tr.-nuag.; qq. éclaircies au N..	S. O. as. faible.
9	15,5	9,3	Nuageux; éclaircies; cumulus.	S. O. assez fort.
10	14,1	8,9	Couvert	O. assez faible.
11	13,7	9,6	Couvert	O. S. O. faible.
12	16,9	16,1	Couvert	S. O. fort.
13	17,0	11,0	Larg. éclaire. au zén.; couv. à l'h.	S. O. assez fort.
14	18,6	11,2	Couvert; quelques éclaircies	S. faible.
15	14,5	10,8	Nuages; éclaircies	O. S. as. faible.
16	15,4	7,0	Nuageux; quelques éclaircies.	S. O. faible.
17	14,3	6,6	Couvert	S. E. faible.
18	15,8	8,6	Couvert	O. S. O. faible.
19	13,1	5,8	Couvert; brouillard	S. O. faible.
20	14,5	3,5	Beau; vapeurs et brouil. à l'h.	S. E. faible.
21	14,8	3,2	Beau; vapeurs	S. S. E. faible.
22	14,3	4,3	Couvert; brouillard	S. S. O. faible.
23	15,5	7,1	Beau; cumulus	E. faible.
24	14,1	10,9	Nuag.; quelq. éclaircies rares	O. faible.
25	14,2	4,6	Beau; nuageux	S. O. assez fort.
26	14,4	8,4	Couvert	S. S. O. très-fort.
27	11,6	8,0	Couvert	S. O. faible.
28	10,9	7,4	Couvert	N. assez fort.
29	10,9	7,4	Couvert	N. N. O. faible.
30	10,5	6,7	Couvert	S. S. O. as. faib.
31	11,2	7,3	Éclaircies au N; couv.; nimbus.	S. faible.

(¹) Cette observation a été faite à 3h 15m.   (²) Cette observation a été faite à midi 13m.   (³) Cette observation a été faite à 3h 10m.   (⁴) Cette observation a été faite à 9h 20m.
(⁵) Cette observation a été faite à midi 10m.   (⁶) Cette observation a été faite à 6h 20m.   (⁷) Cette observation a été faite à midi 15m.

Quantité de pluie en millimètres tombée pendant le mois. { Cour ..... 61mm,27 ; Terrasse... 51mm,29 }

Nota. Les astérisques placés dans la colonne du thermomètre tournant indiquent que ce thermomètre, qui n'est, jusqu'à nouvel ordre, qu'un thermomètre d'essai, était mouillé par la pluie.

OBSERVATIONS MÉTÉOROLOGIQUES FAITES A L'OBSERVATOIRE DE PARIS. — NOVEMBRE 1835.

	9 HEURES DU MATIN. Temps vrai.			MIDI. Temps vrai.			3 HEURES DU SOIR. Temps vrai.			6 HEURES DU SOIR. Temps vrai.			9 HEURES DU SOIR. Temps vrai.			MINUIT. Temps vrai.			THERMOMÈTRE.		ÉTAT DU CIEL A MIDI.	VENTS A MIDI.
	BAROM. à 0°.	THERM. extér. fixe et corrig.	THERMOMÈTRE tournant.	BAROM. à 0°.	THERM. extér. fixe et corrig.	THERMOMÈTRE tournant.	BAROM. à 0°.	THERM. extér. fixe et corrig.	THERMOMÈTRE tournant.	BAROM. à 0°.	THERM. extér. fixe et corrig.	THERMOMÈTRE tournant.	BAROM. à 0°.	THERM. extér. fixe et corrig.	THERMOMÈTRE tournant.	BAROM. à 0°.	THERM. extér. fixe et corrig.	THERMOMÈTRE tournant.	MAXIMA.	MINIMA.		
1	744,79	5,5	5,6	745,47	6,0	*6,1	746,53	4,4	*4,2	747,55	4,8	4,7	748,62	4,0	4,9	749,73	2,6	2,6	6,8	1,6	Couvert; pluie	O. assez faible.
2	752,66	2,6		752,56	6,6	7,0	752,25	7,2	7,0	752,12	2,1	3,9	752,11	1,5	1,8	751,38	2,1	2,6	7,9	0,9	Beau; quelques cumulus	O. assez fort.
3	747,38	3,0	*4,6	746,81	8,4	7,2	746,86	7,2	6,9	747,57	6,0	6,4	748,48	4,8	*5,3	748,87	4,5	4,8	8,5	0,1	Couvert.	O. S. O. faible.
4	751,82	4,0	*4,0	753,46	4,5	*4,5	755,01	5,8	5,7	756,99	5,5	6,2	758,02	5,4	5,8	759,52	4,6	5,2	6,1	3,3	Couvert; pluie.	N. faible.
5	762,75	3,0	3,4	763,28	4,0	3,8	763,42	4,4	3,8	764,57	3,4	3,4	765,34	2,6		765,21	2,2	3,0	4,8	2,7	Couvert.	O. N. O. faible.
6	765,97	2,0	2,4	765,34	3,0	3,2	763,96	4,0	3,9	763,28	3,7	3,7	762,81	3,5	4,0	761,71	3,3	3,9	4,2	1,0	Couvert; léger brouillard.	S. S. O. faible.
7	759,36	2,6	3,1	757,89	4,4	4,3	756,45	4,8	4,4	755,69	2,2	2,4	755,37	1,9	3,0	754,03	1,2	3,0	5,3	1,4	Couvert.	S. S. O. faible.
8	751,86	3,4	3,1	751,61	8,5	8,2	750,92	9,0	8,5	751,75	6,6	6,4	752,69	6,3	6,3	753,45	5,2	6,4	9,5	1,1	Nuageux; soleil.	S. E. assez fort.
9	754,60	6,5	7,0	753,91	10,4	9,5	753,15	11,8	11,0	752,99	10,3	*8,6	752,73	9,0	*8,2	753,01	8,2	*8,0	12,1	3,3	Couvert; quelques éclaircies.	S. E. faible.
10	755,60	8,5	8,4	756,44	10,0	9,5	757,16	9,8	9,2	758,57	9,1	9,4	759,95	8,6		760,46	7,4	8,0	10,3	8,0	Couvert	S. faible.
11	760,82	4,7		762,75	5,8		762,05	8,9		762,17	7,6		763,32	6,5	6,4	761,91	4,9	4,8	9,0	3,7	Brouillard	N. faible.
12	761,03	4,9		760,89	5,5	5,4	759,76	4,6		759,47	4,1		759,23	3,8	3,7	758,63	3,7		5,5	1,7	Couvert	E. faible.
13	756,65	4,8	4,0	755,70	5,2	5,4	754,93	5,8	5,6	755,05	5,6	5,6	754,99	4,8	5,4	754,86	4,3	4,4	5,8	3,5	Couvert.	N. E. faible.
14	755,63	3,4	3,6	755,93	3,6	3,5	756,39	3,6	3,6	756,99	2,0		758,63	0,8	1,0	758,65	0,1	0,8	3,7	3,4	Couvert.	N. E. faible.
15	760,47	-0,8	0,2	760,77	4,0	4,3	760,58	5,6	5,1	760,83	3,5	2,7	761,11	1,4	1,2	761,12	1,0	1,0	5,7	-1,6	Beau.	E. faible.
16	761,97	2,8	3,8	761,55	3,7	3,6	761,25	4,2	4,0	761,44	3,8	4,2	761,65	3,7	4,0	761,40	3,8	3,9	4,1	1,1	Couvert.	N. E. fort.
17	761,38	4,4	4,0	761,28	4,5	4,0	760,91	4,2	4,1	760,87	4,2	4,0	760,89	4,6	4,4	760,53	3,2	4,0	4,8	3,0	Couvert.	N. N. E. faible.
18	759,91	4,2	4,4	759,05	5,7	5,0	758,11	6,7	6,0	758,10	7,0	6,3	757,60	7,0	6,5	757,46	7,1	6,0	7,0	1,4	Couvert.	E. N. E. faible.
19	756,44	6,0	5,7	756,13	6,2	5,9	755,71	6,0	5,7	756,05	5,8	5,4	755,97	5,5	5,8	755,94	5,2	5,4	6,3	5,8	Couvert.	N. faible.
20	755,98	5,3	*4,7	755,71	5,5	*5,2	755,46	5,8	*5,4	755,49	5,3	*5,1	755,63	5,3	5,4	755,52	5,3	5,5	5,9	5,0	Bruine.	N. O. faible.
21	755,81	4,6	4,7	755,54	5,8	5,6	755,42	5,9	5,7	755,34	5,4	5,6	755,66	5,3	5,9	755,58	5,1	5,7	6,1	4,5	Couvert.	S. S. O. faible.
22	755,38	5,1	5,0	755,13	6,7	6,6	754,13	6,9	6,3	754,46	5,2	5,4	754,42	4,8	5,4	753,80	4,7		7,2	4,6	Nuages et soleil.	S. S. E. faible.
23	752,64	4,5	*4,4	752,68	5,8	5,4	751,74	5,9	*5,7	751,99	5,6	5,5	751,96	4,5	4,6	751,98	4,4	4,4	5,9	3,9	Couvert.	E. S. E. faible.
24	751,98	4,8	*4,6	751,21	6,4	*6,0	750,80	5,8	5,4	750,86	4,6	4,2	751,75	3,5	3,7	752,19	2,0	2,6	7,4	3,7	Couvert; brouillard humide.	O. N. O. faible.
25	754,94	3,0		756,38	3,5		756,92	4,2		757,97	3,6		759,65	3,1	3,2	760,78	1,4	1,2	4,1	1,9	Éclaircies.	N. E. faible.
26	761,61	-0,9	-1,0	760,97	1,0	0,7	759,71	2,1	1,7	759,56	1,0	0,6	758,73	0,1	0,0	757,89	-0,9	-0,9	2,3	-1,3	Très-beau.	N. E. fort.
27	757,05	-0,8	-1,3	756,43	2,2	2,0	755,34	3,6	3,5	755,56	3,8	2,6	755,97	3,5	*3,3	755,88	3,8	4,3	3,9	-2,5	Beau; vapeurs.	N. N. E. faible.
28	756,66	4,5	4,1	756,79	5,2	4,7	756,82	4,5	4,1	757,73	2,6	2,4	758,50	1,2	1,4	758,84	-0,8	-0,6	5,4	-0,2	Cumulus; rares éclaircies	N. E. faible.
29	759,49	-0,7	-0,9	759,46	0,5	0,1	758,65	1,2	0,7	758,77	1,4	1,5	758,62	1,4	2,2	758,31	1,5	1,8	1,9	-2,1	Couvert; brouillard	N. O. faible.
30	757,67	3,2		757,49	5,2	4,8	757,25	6,4	5,8	757,75	5,5	4,8	758,47	3,4	3,2	758,82	2,5	2,4	7,4	-0,8	Nuageux; quelques éclaircies.	O. S. O. faible.

) Cette observation a été faite à 3ʰ 30ᵐ.

Quantité de pluie en millimètres tombée pendant le mois. { Cour...... 27ᵐᵐ,85 / Terrasse... 21ᵐᵐ,07

Nota. Les astérisques placés dans la colonne du thermomètre tournant indiquent que ce thermomètre, qui n'est, jusqu'à nouvel ordre, qu'un thermomètre d'essai, était mouillé par la pluie.

OBSERVATIONS MÉTÉOROLOGIQUES FAITES A L'OBSERVATOIRE DE PARIS. — DÉCEMBRE 1855.

JOURS du mois.	9 HEURES DU MATIN. (Temps vrai.) BAROM. à 0°.	THERM. extér. fixe et corrig.	THERMOMÈTRE tournant.	MIDI. (Temps vrai.) BAROM. à 0°.	THERM. extér. fixe et corrig.	THERMOMÈTRE tournant.	3 HEURES DU SOIR. (Temps vrai.) BAROM. à 0°.	THERM. extér. fixe et corrig.	THERMOMÈTRE tournant.	6 HEURES DU SOIR. (Temps vrai.) BAROM. à 0°.	THERM. extér. fixe et corrig.	THERMOMÈTRE tournant.	9 HEURES DU SOIR. (Temps vrai.) BAROM. à 0°.	THERM. extér. fixe et corrig.	THERMOMÈTRE tournant.	MINUIT. (Temps vrai.) BAROM. à 0°.	THERM. extér. fixe et corrig.	THERMOMÈTRE tournant.	THERMOMÈTRE. MAXIMA.	MINIMA.	ÉTAT DU CIEL A MIDI.	VENTS A MIDI.
1	760,19	3,8	3,4	759,60	6,2	5,5	758,37	5,5	5,3	757,57	4,4	4,2	756,56	3,8	3,8	755,06	3,8	3,7	6,8	1,6	Couvert	O. N. O. faible.
2	752,14	2,5	2,3	751,96	3,2	2,3	750,85	4,2	4,0	750,49	3,3	3,0	750,64	3,2	3,1	750,74	2,8	*2,9	4,3	2,4	Couvert; brouillard	S. O. faible.
3	753,69	—0,2		754,38	0,0		754,63	+0,1		755,95	—2,0		757,01	—3,2	—3,0	757,80	—4,4	—3,9	+0,4	—0,3	Nuageux	N. E. assez fort.
4	758,99	—3,8	—2,6	757,64	—1,4	—1,4	756,40	—1,0	—1,0	756,10	—0,2	—0,3	755,19	+0,2	+0,2	753,60	1,0	+0,7	(a)	—5,6	Couvert	S. faible.
5	748,71	5,8	5,6	746,89	6,7	*5,4	745,59	6,2	*5,2	745,32	4,8	4,4	[1]745.63	3,4	3,1	745,73	1,8		7,5	(b)	Couvert; pluie	O. faible.
6	743,19	1,5	1,2	743,38	3,6	3,4	743,65	4,2	3,9	744,41	3,0	3,0	745,17	2,1		745,52	1,8		4,2	1,2	Très-nuageux; ⊙ par mom.	O. assez fort.
7	746,48	1,6	1,4	746,32	3,1	3,0	746,07	5,6	3,5	746,14	1,7	1,6	746,60	1,2	1,2	746,40	1,3	*1,2	4,2	1,2	Nuageux	O. S. O. ass. fort.
8	746,70	0,4	0,0	747,20	1,8	*1,8	747,79	2,4	2,8	748,69	1,6	1,4	749,80	1,6	1,6	750,87	—0,3	+0,2	3,9	+0,2	Couvert; qq. flocons de neige	N. O. assez fort.
9	[3]754,67	—1,3		[3]755,44	—1,0		755,39	—2,0	—2,4	757,35	—3,4	—3,7	758,41	—3,6	—3,3	758,62	—3,0	—2,6	—1,3	—1,9	Couvert	N. N. E.
10	759,84	—4,4	—4,5	758,98	—3,5		[4]758,72	—3,2		759,28	—3,2	—3,9	758,68	—3,1					—1,3	—4,8	Couvert	O. N. O. faible.
11	759,14	—3,6	—*4,0	758,71	—2,1	—2,8	758,19	—2,7	—2,8	757,71	—2,8	—3,7	757,44	—3,2	—2,5	756,68	—7,0	—0,2	—2,7	—4,4	Couvert	S. S. O. faible.
12	753,63	—5,6	—5,6	752,48	—3,0	—3,3	751,67	—2,1	—3,3	751,77	—2,5	—2,6	753,17	—2,1	—1,2	753,45	—1,8	—1,0	—1,7	—8,5	Couvert	S. faible.
13	757,47	—3,7	—3,6	758,45	—3,4	—2,6	758,42	—0,9	—1,1	759,63	—1,4	—1,5	760,25	—2,5		760,51	—3,8		—0,9	—5,2	Couvert	O. faible.
14	760,95	—3,2	—3,2	759,74	+0,4	—0,2	757,52	1,7	*+0,8	756,00	2,8	*2,1	754,18	3,8	*3,8	754,43	5,4		7,0	—5,4	Couvert	S. S. O. faible.
15	759,51	6,8	6,0	761,29	6,8	6,0	762,41	7,2	6,5	762,91	6,4		764,19	6,3	7,2	764,99	6,8	6,6	7,3	(c)	Couvert	O. faible.
16	765,62	6,9	6,8	765,02	7,8	7,6	763,89	7,0	6,6	763,47	6,1	6,2	762,68	6,1	6,2	761,44	5,6	*5,4	7,9	5,4	Couvert	O. faible.
17	759,34	4,2	4,2	758,40	4,4	4,2	757,42	2,5	2,6	756,95	2,6	2,7	756,89	2,8	3,4	756,51	2,1	2,0	4,8	4,0	Couvert	E. S. E. faible.
18	758,16	2,0	1,7	758,59	3,4	3,4	759,39	4,0	3,6	760,51	2,4	3,6	761,77	+0,7	+0,9	762,86	—3,3	—0,9	4,1	1,6	Couvert; quelques éclaircies	E. N. E. faible.
19	764,40	—5,9	—5,6	763,55	—3,4	—3,6	763,26	—2,0	—2,3	762,92	—4,0	—3,8	762,80	—6,0	—6,3	761,93	—7,9	—8,2	—1,7	—6,3	Beau	E. N. E. ass. faib.
20	762,09	—9,4	—9,5	759,99	—5,4	—5,5	758,93	—3,6	—4,0	757,83	—7,0	—7,0	757,24	—9,2		756,46	—10,6		—1,4	—10,0	Beau	E. assez fort.
21	753,61	—11,3	—11,3	751,29	—7,3	—7,5	749,80	—7,0	—7,1	749,17	—7,6	—7,7	749,15	—7,3	—6,7	749,47	—6,8	—6,2	—6,5	—12,3	Très-nuageux	E. N. E. faible.
22	754,01	—9,8	—9,8	755,18	—7,4	—6,7	756,75	—6,0	—5,4	758,56	—7,9	—7,0	759,34	—8,8	—7,6	759,05	—6,6	—6,3	—5,9	—10,0	Beau; vapeurs	N. faible.
23	756,06	1,5		754,41	3,8		753,87	5,6		752,52	6,4		[5]752,34	7,7	*7,7	752,43	7,4	7,9	7,9	—9,8	Couvert	S. assez fort.
24	757,22	5,1		757,25	8,2	7,6	757,19	7,9	7,8	756,52	6,3		756,38	6,4	6,4	755,98	4,4	5,6	8,6		Nuageux	S. S. O. faible.
25	754,12	3,1	3,2	751,43	5,8	5,7	748,76	6,6	6,2	746,71	6,6	6,7	749,12	7,0	6,7	750,79	5,3	5,3	6,8	2,9	Éclaircies; cumulus	S. faible.
26	747,45	7,0	6,5	745,97	9,2	8,5	745,61	10,0	9,4	746,44	8,9	8,6	747,99	8,8	8,4	748,61	7,8	7,4	10,8	4,5	Nuageux; quelques éclaircies	S. fort.
27	750,90	6,6	*6,4	750,05	9,2	9,0	750,39	10,2	9,6	750,64	8,0	7,1	750,88	7,0	7,1	750,81	6,4	6,4	10,8	6,6	Nuageux	S. faible.
28	753,03	6,4	6,0	753,34	12,1	11,2	754,01	10,8	10,0	754,83	9,2	8,9	756,23	8,0	7,9	757,18	7,6	7,5	12,5	5,5	Beau; vapeurs abondantes	S. E. faible.
29	760,54	6,6	6,4	760,56	8,6	8,4	760,52	9,7	9,5	761,27	8,8	8,6	762,15	7,2	7,4	762,73	7,4	7,6	9,9	6,3	Couvert	S. S. O. faible.
30	764,38	6,8	6,6	764,79	8,4	7,8	765,35	10,3	10,2	766,72	6,6	6,4	767,78	5,2	4,9	767,68	2,9	2,4	10,5	6,6	Couvert	S. O. faible.
31	766,55	0,9	—*0,9	764,77	3,6	3,7	763,53	5,1	4,9	762,18	4,0	4,4	760,95	3,3	3,4	759,84	3,3	3,4	5,5	0,0	Brouillard humide	S. E. faible.

[1] Cette observation a été faite à 10ʰ. [3] Cette observation a été faite à 9ʰ 10ᵐ. [5] Cette observation a été faite à 11ʰ 40ᵐ. [4] Cette observation a été faite à 7ʰ 30ᵐ.
[2] Cette observation a été faite à 9ʰ 40ᵐ.

(a) Il n'y a pas eu de maximum. (b) Il n'y a pas eu de minimum. (c) Il n'y a pas eu de minimum.

Quantité d'eau en millimètres tombée pendant le mois. { Cour...... 21mm,73   Terrasse... 19mm,27

Nota. Les astérisques placés dans la colonne du thermomètre tournant indiquent que ce thermomètre, qui n'est, jusqu'à nouvel ordre, qu'un thermomètre d'essai, était mouillé par la pluie.

www.ingramcontent.com/pod-product-compliance
Ingram Content Group UK Ltd.
Pitfield, Milton Keynes, MK11 3LW, UK
UKHW020952120726
13693UKWH00004B/1665